工程师经验手记

Android 应用开发精解

高磊　杨诚　元凯　编著

北京航空航天大学出版社

内容简介

本书以 Android 应用开发所需要的技术为线索，先后讲解了 SDK 一些工具的使用、UI 开发、Service 开发、数据存储、图形动画、网络开发、硬件操作、结合 Web 开发以及如何对应用进行优化等。本书并没有从基础的 Eclipse 安装、Hello World 等讲起，而是以 Android 应用开发过程中常用的技术作为主线去讲解，很多内容需要读者有一定的开发经验才能够很好地理解。

本书在对各种技术阐述的过程中，并不是仅仅简单地把相关知识点讲完就结束了，而是在各知识点后面分享了大量项目实践的经验。这些都是作者在项目过程中思考的成果，是多年从事软件开发工作的技术沉淀，是项目实践过程中的精华。

本书适合有一定 Java 基础并且想要自学 Android 开发的编程爱好者、想要转行从事 Android 领域开发的程序员，以及正在从事 Android 的初学者阅读。

图书在版编目(CIP)数据

Android 应用开发精解 / 高磊，杨诚，元凯编著. --
北京：北京航空航天大学出版社，2012.9
ISBN 978-7-5124-0918-7

Ⅰ. ①A… Ⅱ. ①高… ②杨… ③元… Ⅲ. ①移动终端—应用程序—程序设计 Ⅳ. ①TN929.53

中国版本图书馆 CIP 数据核字(2012)第 195394 号

版权所有，侵权必究。

Android 应用开发精解
高磊 杨诚 元凯 编著
责任编辑 董立娟

*

北京航空航天大学出版社出版发行

北京市海淀区学院路 37 号（邮编 100191） http://www.buaapress.com.cn
发行部电话：(010)82317024 传真：(010)82328026
读者信箱：emsbook@gmail.com 邮购电话：(010)82316936
涿州市新华印刷有限公司印装 各地书店经销

*

开本：710×1 000 1/16 印张：19 字数：405 千字
2012 年 9 月第 1 版 2012 年 9 月第 1 次印刷 印数：4 000 册
ISBN 978-7-5124-0918-7 定价：39.00 元

若本书有倒页、脱页、缺页等印装质量问题，请与本社发行部联系调换。联系电话：(010)82317024

前 言

　　如今的Android市场异常火爆，Android手机已经占据智能手机操作系统的半壁江山了。市场的火爆也带动了Android软件的发展，越来越多的开发者开始学习Android开发，开始涌入到Android开发的各个领域，这其中有一些软件开发经验丰富的开发者，也有一些刚刚毕业或者还在学校中的学生。然而，总的来说，大部分开发者在Android平台上的开发时间都不算很多，开发经验不足，需要不断在实际项目中学习和沉淀。

　　如果您也想学习Android开发，或者正在学习Android开发，您一定对下面的问题最关心：Android开发到底难不难？这个问题没有标准的答案，笔者的理解，可以说简单，也可以说难。

　　为什么说简单？这是因为Android开发主要使用Java语言，对于有Java基础的开发者入门很容易；即使原来没有基础，Java语言学习起来相对也容易些。还有Android的开发成本相对较低，只要有一台PC机就可以用模拟器学习开发了。

　　为什么说难？这是因为Android市场的复杂性。一个是Android SDK的版本兼容问题。由于市场上Android设备的SDK版本各不相同，开发软件时就不得不考虑不同SDK版本的兼容问题。一个是硬件兼容问题。Android设备的硬件支持五花八门，包括CPU、内存、屏幕分辨率、是否支持某些硬件特性等，开发软件时就不得不考虑市场上已有的各种Android硬件设备的兼容性问题。一个就是定制ROM的问题。Android是开源的，设备厂商可以修改Android的代码并且定制在自己的设备中，从而导致了大多数Android设备都使用了定制过的ROM，这就需要开发者花更多的时间和力气来解决定制ROM的各种问题。还有一个就是Android在国内的开发资料相对较少，很多时候需要去国外网站，或者直接阅读Android的源代码来解决某些问题，这就增加了学习Android的难度。

　　总体来说，开发一个Android应用并不难，开发出一个优秀的能够经受住市场考验的Android应用却并不容易，需要开发者有丰富的Android开发经验。无论您是想从头开始学习Android应用开发，还是想学习积累经验，本书都是适合的。

本书特点

现在市场上的 Android 书籍,要么以讲解知识点为主,点到为止;要么是以某虚拟项目为主,介绍项目的同时附上大量的源代码,很少会把项目过程中积累的实际经验写进去。本书最大的特点就是除了讲解 Android 应用开发的各知识点以外,还分享了大量的实际经验;这些经验一般都无法从现有的书籍或者网络上获得,这些都是在项目过程中思考的成果,是多年从事软件开发工作的技术沉淀。

本书作者

本书的第 1~4 章由元凯编写,第 5~9 章由杨诚编写,第 10~12 章由高磊编写,全书由高磊审阅。由于本书涉及知识较多,而作者水平有限,很难全部精通,难免有疏漏之处,如果读者朋友发现错误,请批评指正(作者邮箱:gaolei021@gmail.com),非常感谢。

鸣 谢

最后在此感谢现在和曾经一起日夜奋战的兄弟姐妹们,感谢出版社的各位同仁,也感谢家人默默的理解和支持。特别的,感谢刘雪莲、禅延玲、李洁,谢谢你们。

编 者

2012.4

目 录

第1章 工欲善其事 必先利其器—Android SDK 工具 ... 1
1.1 巧妇难为无米之炊—Android SDK 的安装 ... 1
1.2 设备管理工具—调试桥（ADB） ... 3
1.2.1 ADB 简介 ... 3
1.2.2 ADB 常用命令 ... 4
1.3 没有真机一样开发—Android 模拟器 ... 7
1.4 Android 调试—调试工具 DDMS ... 9
1.5 UI 布局分析工具—视图工具（Hierarchy Viewer） ... 14
1.6 Log 打印—Log 输出工具 logcat ... 17
1.6.1 启动 logcat ... 17
1.6.2 过滤日志输出 ... 17
1.6.3 控制日志输出格式 ... 18
1.6.4 查看可用日志缓冲区 ... 19
1.7 图片拉伸不失真—九宫格绘制工具 Draw 9-Patch ... 20
1.7.1 什么是"点九"文件 ... 20
1.7.2 点九文件的制作 ... 20

第2章 吸引你的眼球—UI 编程 ... 24
2.1 UI 基础—常用 UI 组件 ... 24
2.1.1 文本显示—文本框（TextView） ... 24
2.1.2 按钮（Button） ... 27
2.1.3 文本编辑—编辑框（EditText） ... 29
2.1.4 图片显示—图片视图（ImageView） ... 32
2.1.5 多项选择—多选框（CheckBox）和单项选择—单选框（RadioBox） ... 34
2.1.6 图片拖动—拖动效果（Gallery） ... 38
2.1.7 列表组件（ListView） ... 41
2.2 彰显你的个性—自定义 UI 组件 ... 48
2.3 简单明了的消息提示框（Toast）和对话框（Dialog） ... 51
2.3.1 Toast 提示 ... 51

2.3.2 Dialog 提示 ··· 52
  2.4 Menu 键的呼唤—Menu 菜单 ·· 56
第 3 章 界面 UI 的基石—UI 布局 ··· 61
  3.1 用户界面的基本单元—View 视图 ·· 61
  3.2 百花齐放—各种 Layout 布局 ··· 64
   3.2.1 Layout 布局的简单介绍 ··· 64
   3.2.2 线性布局(LinearLayout) ·· 64
   3.2.3 相对布局(RelativeLayout) ·· 67
   3.2.4 框架布局(FrameLayout) ·· 70
   3.2.5 表单布局(TableLayout) ··· 72
   3.2.6 绝对布局(AbsoluteLayout) ··· 74
  3.3 样式(Style)和主题(Theme)的使用 ··· 76
   3.3.1 样式(Style)的使用 ·· 76
   3.3.2 主题(Theme)的使用 ·· 77
第 4 章 Android 开发三大基石—Activity、Service 和 Handler ·· 79
  4.1 应用程序的接口—Activity 窗口 ··· 79
   4.1.1 Activity 生命周期 ·· 79
   4.1.2 Activity 栈 ··· 81
   4.1.3 Activity 的创建 ··· 81
   4.1.4 Activity 的 4 种加载模式 ·· 82
   4.1.5 Activity 交互—Activity 跳转 ··· 83
   4.1.6 Activity 中数据传递 ··· 86
  4.2 千变万化的服务—Service 开发 ·· 87
   4.2.1 Service 的生命周期 ··· 87
   4.2.2 Service 的启动和停止 ·· 88
   4.2.3 我的服务我来用—本地服务开发 ··· 89
   4.2.4 开机自启动的服务 ··· 93
  4.3 Android 线程间的通信—消息机制 ·· 95
   4.3.1 消息的传递—Handler 的使用 ·· 95
   4.3.2 Android 中消息机制的详细分析 ·· 97
第 5 章 以数据为中心—数据存取 ··· 100
  5.1 文件操作 ·· 100
   5.1.1 读写一般的文本文件 ··· 100
   5.1.2 结构性的文件—读写 XML 文件 ·· 103
   5.1.3 自由操作,随心所欲—序列化和反序列化 ··· 113

5.2 通用的数据操作方式—数据库 ··· 116
　5.2.1 SQLite 数据库介绍 ··· 116
　5.2.2 创建并打开数据库 ··· 116
　5.2.3 添加、删除和修改操作 ··· 117
　5.2.4 游标的操作—使用 Cursor ·· 120
5.3 安全方便简单—使用 SharedPreferences ··································· 121
5.4 我的数据大家用—ContentProvider、ContentResolver ······················· 123

第6章 一张白纸好作画—Canvas 画布 ·· 126
6.1 Canvas 画布简介 ·· 126
　6.1.1 View Canvas—使用普通 View 的 Canvas 画图 ······················ 126
　6.1.2 Bitmap Canvas—使用普通 Bitmap 的 Canvas 画图 ··················· 128
　6.1.3 SurfaceView Canvas—使用 SurfaceView 的 Canvas 画图 ·············· 128
6.2 Canvas 常用绘制方法 ·· 131
6.3 对 Canvas 进行变换 ··· 133
6.4 Canvas 绘制的辅助类 ·· 134
　6.4.1 画笔 android.graphics.Paint ··· 134
　6.4.2 字体 android.graphics.Typeface ····································· 135
　6.4.3 颜色 android.graphics.Color ·· 136
　6.4.4 路径 android.graphics.Path ··· 137
　6.4.5 路径的高级效果 android.graphics.PathEffect ·························· 139
　6.4.6 点类 android.graphics.Point 和 android.graphics.PointF ················· 141
　6.4.7 形状类 android.graphics.Rect 和 android.graphics.RectF ················ 142
　6.4.8 区域 android.graphics.Region 与 Region.Op ·························· 144
　6.4.9 千姿百态,矩阵变换 android.graphics.Matrix ·························· 145

第7章 实现炫酷效果—图像和动画 ·· 149
7.1 Android 的几种常用图像类型 ··· 149
7.2 图片的基础—Bitmap(位图) ·· 150
　7.2.1 如何获取位图资源 ··· 150
　7.2.2 如果获取位图的信息 ··· 151
　7.2.3 位图的显示与变换 ··· 152
7.3 变化多端—Drawable(绘图类) ·· 154
　7.3.1 Drawable 的一些常用子类 ·· 154
　7.3.2 BitmapDrawable ··· 154
　7.3.3 点九图片—NinePatchDrawable ······································ 155
　7.3.4 会动的图片—StateListDrawable ····································· 156

- 7.3.5 颜色填充的另一种方法—PaintDrawable ... 157
- 7.3.6 超炫的特效—ShapeDrawable ... 157
- 7.3.7 简单的帧动画—AnimationDrawable ... 165
- 7.4 轻量级图片—Picture ... 167
- 7.5 Drawable、Bitmap、byte[]之间的转换 ... 167
- 7.6 Android 提供的几种动画效果（Animation） ... 168
- 7.7 渐变动画—Tween Animation ... 169
  - 7.7.1 Tween Animation 简介 ... 169
  - 7.7.2 Tween Animation 共同的属性 ... 169
  - 7.7.3 淡进淡出—AlphaAnimation ... 170
  - 7.7.4 忽大忽小—ScaleAnimation ... 171
  - 7.7.5 平移—TranslateAnimation ... 172
  - 7.7.6 旋转—RotateAnimation ... 173
  - 7.7.7 实现一个自己的 TweenAnimation ... 174
- 7.8 渐变动画—Frame Animation ... 176
- 7.9 随意组合动画效果—AnimationSet ... 177
- 7.10 加速的工具—Interpolator ... 178

第8章 网络的时代—网络开发 ... 180

- 8.1 Android 中网络开发概述 ... 180
- 8.2 直接基于 Socket 编程 ... 181
  - 8.2.1 Socket 编程简介 ... 181
  - 8.2.2 基于 TCP 协议的 Socket 编程 ... 183
  - 8.2.3 基于 UDP 协议的 Socket 编程 ... 184
- 8.3 基于最成熟的 Web 协议—HTTP 协议编程 ... 185
  - 8.3.1 HTTP 协议简介 ... 185
  - 8.3.2 使用 URL 类读取 HTTP 资源 ... 187
  - 8.3.3 使用 HttpURLConnection 类访问 HTTP 资源 ... 189
  - 8.3.4 使用 Apache 的 HttpClient ... 190
- 8.4 耗时操作的通用方式—多线程与异步处理 ... 192
  - 8.4.1 多线程和异步处理简介 ... 192
  - 8.4.2 Handler 方式 ... 193
  - 8.4.3 AsyncTask 类实现后台任务的处理 ... 197
- 8.5 轻量级的数据交换格式—JSON ... 199
  - 8.5.1 客户端与服务器端的数据交互 ... 199
  - 8.5.2 XML 格式与 JSON 格式的比较 ... 201

8.5.3 解析JSON格式数据 ·············· 202

第9章 多语言环境的支持和多屏幕的适配 ·············· 205
9.1 Android程序的资源文件 ·············· 205
9.1.1 资源文件的目录结构 ·············· 205
9.1.2 资源文件目录的修饰语 ·············· 206
9.1.3 程序加载资源文件的步骤 ·············· 208
9.2 国际化和本地化的支持 ·············· 209
9.3 多屏幕的适配 ·············· 210
9.3.1 屏幕参数的基本概念 ·············· 210
9.3.2 屏幕参数的各种单位及相互转换 ·············· 211
9.3.3 处理屏幕自适应的方法 ·············· 212
9.3.4 详细说明Density ·············· 214

第10章 利用手机特性—结合硬件进行开发 ·············· 217
10.1 炫酷的人机交互—触摸和手势 ·············· 217
10.1.1 实现滑动翻页—使用ViewFlipper ·············· 217
10.1.2 支持多个手指一起操作—实现多点触摸 ·············· 222
10.1.3 识别手势—使用GestureDetector ·············· 227
10.2 我在哪里—使用定位功能 ·············· 230
10.3 电话拨打和短信发送 ·············· 233
10.3.1 调用系统的电话拨打功能 ·············· 233
10.3.2 实现发送短信的功能 ·············· 234
10.4 拍照和摄像 ·············· 235
10.5 使用传感器 ·············· 238
10.5.1 传感器概述 ·············· 238
10.5.2 加速度传感器 ·············· 241
10.5.3 方向传感器 ·············· 242
10.5.4 其他传感器 ·············· 243

第11章 避重就轻—结合Web开发Android应用 ·············· 245
11.1 Android上的Web应用概述 ·············· 245
11.2 使用WebView载入Web页面 ·············· 247
11.2.1 Webkit引擎和WebView控件 ·············· 247
11.2.2 浏览基本的Web页面 ·············· 247
11.2.3 开启对于JavaScript的支持 ·············· 249
11.2.4 监听Web页面的载入 ·············· 250
11.2.5 让WebView支持文件下载 ·············· 250

11.3 本地代码与Web页面交互 ·················· 252
11.3.1 向Web页面传递数据 ·················· 252
11.3.2 本地代码调用Web页面JavaScript方法 ·················· 254
11.3.3 Web页面调用本地Java方法 ·················· 254
11.4 Web页面的JavaScript调试 ·················· 259
11.5 常用移动设备Web开发框架 ·················· 260
11.5.1 jQuery Mobile框架简介 ·················· 260
11.5.2 Sencha Touch框架简介 ·················· 262
11.5.3 PhoneGap开发平台简介 ·················· 262

第12章 细节决定成败—Android应用程序的优化 264
12.1 对应用内存的优化 ·················· 264
12.1.1 Android程序的内存概述 ·················· 264
12.1.2 追踪内存—使用内存优化辅助工具 ·················· 266
12.1.3 吃内存大户—Bitmap的优化 ·················· 270
12.1.4 想回收就回收—使用软引用和弱引用 ·················· 274
12.1.5 注重细节—从代码角度进行优化 ·················· 277
12.2 对界面UI的优化 ·················· 281
12.2.1 多利用Android系统的资源 ·················· 281
12.2.2 抽取相同的布局 ·················· 284
12.2.3 精简UI层次 ·················· 285
12.2.4 界面延迟加载技术 ·················· 287
12.3 留条后路—对Crash进行处理 ·················· 288
12.3.1 为什么需要捕获Crash ·················· 288
12.3.2 如何捕获和处理Crash ·················· 289

参考文献 ·················· 292

第 1 章
工欲善其事 必先利其器
——Android SDK 工具

在工作和生活中，合理运用手头上的工具往往能够使我们要做的事情达到事半功倍的效果。Android 应用程序的开发也一样，善于使用辅助工具，可以使开发过程更加清晰、流畅，可以更快地发现程序中存在的问题，写出更加高效、合理的代码。本章将从介绍一些常用的 Android SDK 工具开始，和您一起体验 Android 应用开发学习之旅。

1.1 巧妇难为无米之炊——Android SDK 的安装

由于 Android 开发和模拟器的运行等都需要在 Java 环境下才能运行，因此先要搭建好 Java 环境(Java 环境的搭建这里就不介绍了，读者可参考相关图书)。

搭建好 Java 环境之后就开始下载和安装 Android SDK 了(SDK 可以从 http://developer.android.com/sdk/index.html 网站下载)。下载好 Android SDK 之后把它解压到某个目录，如："E:\android-sdk"(目录不要有中文)，然后把"E:\android-sdk\tools"完整路径加入到系统 Path 变量(这一步主要用于以后安装 apk 软件时方便调用)。

Windows 操作系统下双击"SDK Setup.exe"就可以开始在计算机上运行 Android 模拟器，SDK 会从 Google 的服务器检查可更新的套件。如果看到 SSL 错误信息，则找到后台运行的 Android SDK and AVD Manager 窗口，并单击左侧的设置标签。这里取消"Force https://…sources to be fetched using http://…"选项，如图 1-1 所示，单击"确定"，然后重新打开安装程序。

此时将会安装一些包。我们可以有选择性地安装一些包，然后单击 Install 按钮安装 Android SDK，如图 1-2 所示。

默认情况下，所有的 SDK 平台、例程、API 等都会被安装，这可能需要相当长的时间来下载所有可用的 Android 版本。如果仅仅是为了体验一下 Android，则选择需

Android 应用开发精解

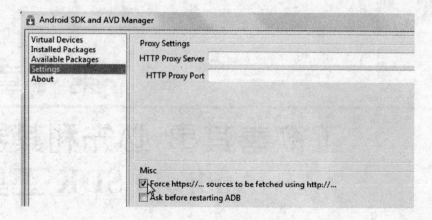

图 1-1 取消默认选择

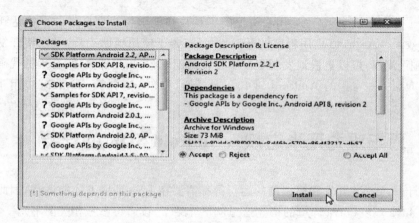

图 1-2 选择安装包

要安装的版本即可。然后选择其他不需要安装的包,并单击 Reject 按钮,如图 1-3 所示。单击 Install 按钮进行安装。当然,可以下载我们需要的版本进行下载安装。

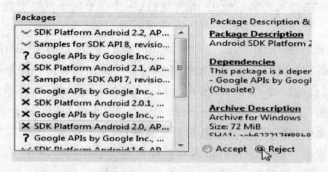

图 1-3 选择安装版本

开始安装后会出现一个窗口,显示下载和安装的进度,如图 1-4 所示。该过程可能花费比较长的时间,请耐心等待。

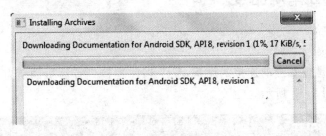

图1-4 安装进度界面

下载完成后,SDK就安装成功了,就能在计算机上进行Android开发或者是安装模拟器来测试Android了。

> **经验分享:**
> 　　除了需要安装Android SDK以外,建议开发者同时也下载Android的源码,这是因为开发过程中可能经常查看源码。可以在http://source.android.com/站点使用Git工具下载最新的源代码。

1.2 设备管理工具—调试桥(ADB)

1.2.1 ADB简介

ADB全称是Android Debug Bridge,是Android SDK里自带的一个工具,用这个工具可以直接操作管理Android模拟器(Emulator)或者是真实的Android设备。

ADB的功能很多,我们主要用到的功能有:

① 运行设备的shell命令行;
② 管理模拟器或设备的端口映射;
③ 计算机和设备之间上传/下载文件;
④ 将本地apk软件安装至模拟器或Android设备。

ADB是一个客户端—服务器端程序,其中客户端是用来操作的计算机,服务器端是Android设备。要使用ADB工具,就先要把手机上的USB调试项打开,具体的操作步骤是:设置→应用程序→开发→USB调试(可能设备不同,具体的操作步骤也略有差别)。

1.2.2 ADB 常用命令

1）查看设备

adb devices

这个命令是查看当前连接的设备，显示当前连接到计算机的所有 Android 设备和模拟器，如图 1-5 所示。

```
D:\tools\android-sdk\android-sdk\platform-tools>adb devices
List of devices attached
192.168.28.110:5555     device
80A354043045403914      device
```

图 1-5　查看设备的命令窗口

2）安装软件

adb install <apk 文件路径>

这个命令将指定的 apk 文件安装到设备上，如图 1-6 所示。

```
D:\tools\android-sdk\android-sdk\platform-tools>adb install myweat~1_signed.apk
530 KB/s (491857 bytes in 0.906s)
        pkg: /data/local/tmp/myweat~1_signed.apk
Success
```

图 1-6　安装软件命令窗口

3）卸载软件

adb uninstall <软件包名>

adb uninstall -k <软件包名>

如果加 -k 参数，为卸载软件但是保留配置和缓存文件，如图 1-7 所示。

```
D:\tools\android-sdk\android-sdk\platform-tools>adb uninstall com.weather.manymo
re13
Success
```

图 1-7　卸载软件命令窗口

这里特别需要注意的是，安装时后面跟的参数是 apk 文件路径，而卸载时参数则为软件包名。

4）登录设备 shell

adb shell

adb shell <command 命令>

这个命令将登录设备的 shell，后面加 <command 命令> 将是直接运行设备命令，相当于执行远程命令，如图 1-8 所示。

```
D:\tools\android-sdk\android-sdk\platform-tools>adb shell ls
config
cache
sdcard
acct
mnt
```

图 1-8　登陆设备 shell 命令窗口

5）从计算机复制文件到设备

adb push ＜本地路径＞ ＜远程路径＞

用 push 命令可以把本台计算机上的文件或者文件夹复制到设备，如图 1-9 所示。

```
D:\tools\android-sdk\android-sdk\platform-tools>adb push d:/123.txt mnt/sdcard
```

图 1-9　复制文件或者文件夹命令窗口

6）从设备上下载文件到计算机

adb pull ＜远程路径＞ ＜本地路径＞

用 pull 命令可以把设备上的文件或者文件夹复制到本台计算机，如图 1-10 所示。

```
D:\tools\android-sdk\android-sdk\platform-tools>adb pull mnt/sdcard/123.txt d:/
```

图 1-10　从设备下载文件命令窗口

7）显示帮助信息

adb help

这个命令将显示帮助信息，如图 1-11 所示，要是有些命令及参数不是很熟悉，可以从帮助信息中找到答案。

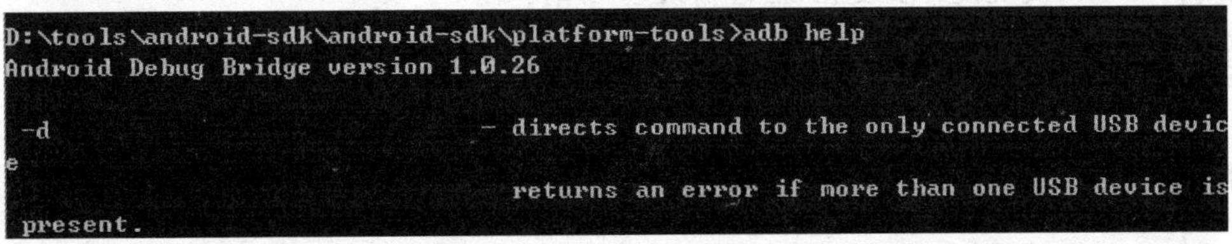

```
D:\tools\android-sdk\android-sdk\platform-tools>adb help
Android Debug Bridge version 1.0.26

 -d                        - directs command to the only connected USB device
                             returns an error if more than one USB device is
                             present.
```

图 1-11　显示帮助信息命令窗口

8）连接设备

adb connect ＜设备 IP＞

如图 1-12 所示。

```
D:\tools\android-sdk\android-sdk\platform-tools>adb connect 192.168.28.110
connected to 192.168.28.110:5555
```

图 1-12　连接设备命令窗口

9) 断开当前连接

adb kill—server

如图 1-13 所示。

```
D:\tools\android-sdk\android-sdk\platform-tools>adb kill-server
```

图 1-13　断开连接命令窗口

经验分享：

　　有的时候，我们可能并不需要 ROM 自带的一些软件，想把它卸载。可是 Android 系统并没有卸载 ROM 自带软件的功能，这个时候也可以用 ADB 来卸载这些软件，步骤如下：

　　① 取得手机 root 权限；

　　② 下载 Android_db.rar，解压到％windir/％System32 下；

　　③ 手机连接数据线，在计算机上打开 cmd，然后输入命令：

adb remount
adb shell
su

　　执行完成之后，则看到：

　　* daemon not running。starting it now *
　　* daemon started successfully *

　　④ 接着就是 Linux 命令行模式了，输入：

cd system/app

　　则发现没什么变化，然后输入 ls 回车。

　　这时候列表显示了 system/app 里面的所有文件，也就是 ROM 集成的一些软件了。

　　⑤ 删除命令：

rm 文件名

　　另外，需要特别注意的是，对于那些并不了解的文件，请不要随意地删除，避免手机出现问题。

第1章　工欲善其事 必先利其器—Android SDK 工具

> **经验分享：**
> 　　在使用 Eclipse 开发 Android 应用过程中，有时候调试过程中可能会发现报错，错误信息大意是连接不上 adb Server 了。此时可以在任务管理器中结束 adb.exe 进程，然后重新启动 Eclipse。

1.3　没有真机一样开发—Android 模拟器

　　有些时候，我们手头上可能并没有符合要求的 Android 设备，那这时候是不是对调试或者开发就一筹莫展了呢？当然不是。因为我们有 Android 模拟器！这里先介绍一下 Android SDK 自带的模拟器。

　　Android 模拟器是 Android SDK 自带的移动设备模拟器，是一个可以运行在计算机上的一个虚拟设备，可以模拟除了接听和拨打电话外所有移动设备上的典型功能和行为，可以让你不需要使用物理设备就能简单地预览、开发和测试 Android 应用程序。

　　之前已经介绍过了如何安装 Android SDK，现在就安装模拟器来测试 Android。选择左侧导航菜单的 Virtual Devices，再右击 New 按钮，这时弹出创建框，输入模拟器的名字，并从下拉菜单选择所需的 Android 版本，这里只会显示安装时选择了的 Android 版本。输入 SD 卡大小，这只是一个虚拟的 SD 卡，实际上是将你的设置和文件存储到一个 IMG 文件。然后，选择屏幕大小，默认方式显示，设置完成后，单击 Create AVD 按钮，如图 1-14 所示。

图 1-14　创建 AVD

创建 AVD 时程序可能会出现停顿，等待出现确认窗口即可，到这里模拟器就建好了。现在已经可以在计算机上运行 Android 了。选择创建的虚拟 Android，并单击右侧的 Start 按钮，如图 1-15 所示。如果需要更大的屏幕，则可以选择比例选项，然后单击 Launch 启动，如图 1-16 所示。

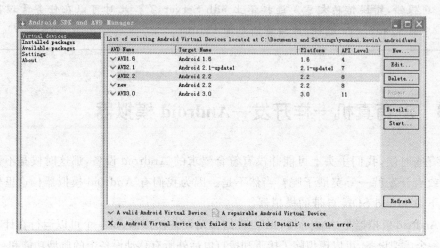

图 1-15 启动 AVD

模拟器开始加载 Android。可能会打开几个命令提示符窗口，然后就可以看到模拟器本身，如图 1-17 所示。注意默认情况下，模拟器的右边会显示虚拟的按钮及键盘。Android 可能需要几分钟来加载，尤其是第一次启动比较慢。稍等一会，启动画面将会切换至 Android 开机画面。最后会看到 Android 的主屏幕，正常使用鼠标进行操作，不过无须双击打开应用程序。

这里补充下模拟器和虚拟机的概念及区别。

- 模拟器(Emulator)：主要通过软件模拟硬件处理器的功能和指令系统的程序，使计算机或者其他多媒体平台(如掌上电脑、手机)能够运行其他平台上的软件。

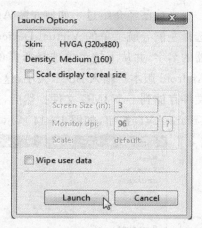

图 1-16 选择模拟器比例

- 虚拟机(Virtual Machine)：在机器和编译程序之间加入了一层抽象的、虚拟的机器，这台虚拟机器在任何平台上都提供给编译程序一个共同的接口。编译程序只需要面向虚拟机生成虚拟机能够理解的代码，然后由解释器将虚拟机代码转换为特定系统能够执行的机器码。

图 1-17　模拟器界面

经验分享：

　　使用模拟器开发，速度比较慢，开发效率相对较低。所以如果条件允许，还是使用真机调试比较好。

　　Android 模拟器比 iOS 和 WP7 的模拟器要慢很多，这有很多原因，其中最重要的原因就是 Android 模拟器模拟的是 ARM 的体系结构（arm - eabi）环境。Google 的一个开源项目 Android - x86 已经将 Android 移植到了 x86 平台，相应的 x86 版本的模拟器也提供给开发者使用了。具体如何使用这里不再详细说明，有需要的读者可参考网络上的教程进行配置。需要特殊说明的是，目前 x86 版本的模拟器虽然速度飞快，但是还有很多硬件相关的 API 不能够很好地支持。如果在开发过程中使用，还需要注意这一点。

1.4　Android 调试—调试工具 DDMS

　　DDMS 的全称是 Dalvik Debug Monitor Service，提供了许多有用的服务，例如可以为设备截屏、针对特定的进程查看正在运行的线程以及堆信息、Logcat 信息、广播状态信息、模拟电话呼叫、接收 SMS、虚拟地理坐标等，是开发过程中十分重要的工具之一。

DDMS 工具存放在 Android-sdk/tools/路径下,直接双击 ddms.bat 即可运行 DDMS;如果是在 Eclipse 中,则通过 Window→Open Perspective→Other→DDMS 打开 DDMS,如图 1-18 所示。

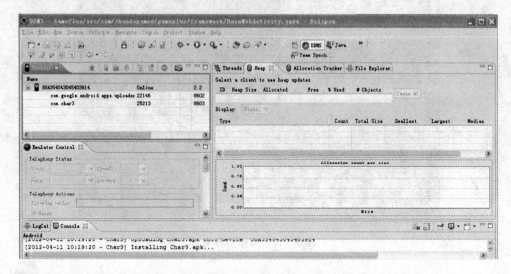

图 1-18 DDMS 窗口

1. 工作原理

DDMS 搭建起 IDE 与测试终端(模拟器或真机)的链接,它们使用各自独立的端口来监听调试器的信息,DDMS 可以实时监控测试终端的链接情况。当有新的测试终端链接后,DDMS 将捕捉到终端的 ID,并通过 ADB 建立调试器,从而实现发送指令到测试终端的目的。

DDMS 是一座桥梁,为 IDE 和 Emultor(or GPhone)架起来了一座桥梁。开发者可以通过 DDMS 看到目标机器上运行的进程/线程状态;可以让 Eclipse 程序连接到开发机上运行;可以看进程的 heap 信息、logcat 信息、进程分配内存情况;可以像目标机发送短信、发送地理位置信息以及打电话;可以像 gdb 一样 attach 某一个进程调试。

2. DDMS 介绍

(1) Devices 选项卡

Devices 选项卡如图 1-19 所示。

Devices 中罗列了模拟器或真机中所有的进程,选项卡右上角的一排按钮分别为:调试进程、更新进程、更新进程堆栈信息、停止某个进程,最后一个图片按钮是抓取 Emulator 目前的屏幕。当选中某个进程,并按下调试进程按钮时,如果 Eclipse 中有这个进程的代码,那就可以进行源代码级别的调试,有点像 gdb attach。图片抓取按钮可以对当前 Android 设备的显示界面进行截图,也是非常有用的。

第 1 章 工欲善其事 必先利其器—Android SDK 工具

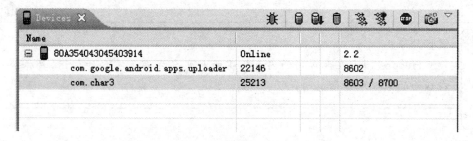

图 1-19 Device 选项卡

(2) Threads 选项卡

Threads 选项卡显示线程统计信息，如图 1-20 所示。

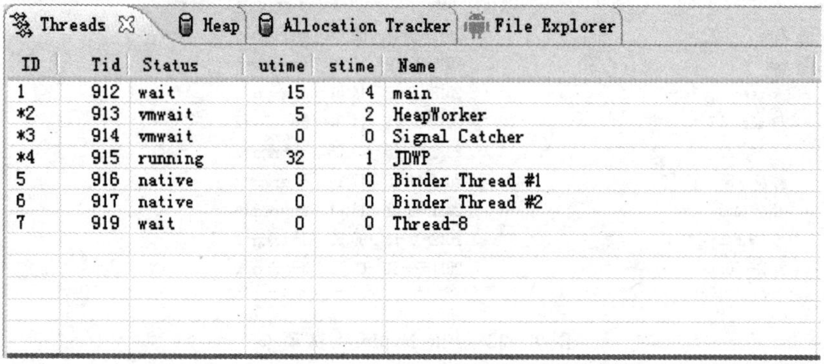

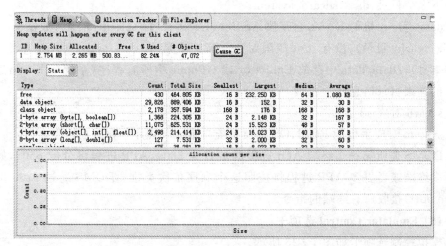

图 1-20 Threads 选项卡

(3) Heap 选项卡

Heap 选项卡显示栈信息，如图 1-21 所示。

图 1-21 Heap 选项卡

• 11 •

Android 应用开发精解

> 经验分享：
> Heap 选项卡在做应用的内存优化的时候会发挥着重要的作用，具体会在后面的章节中仔细说明。

（4）File Explorer 选项卡

File Explorer 选项卡显示文件信息，如图 1-22 所示。

图 1-22 File Explorer 选项卡

显示 Android 设备或模拟器上的文件系统信息。File Explorer 非常有用：它可以把文件上传到 Android 设备或模拟器；或者从设备上下载文件；也可以进行文件删除操作。选项卡右上角有上传、下载、删除 3 个按钮。一般情况下，File Explorer 会有如下 3 个目录：data、sdcard、system。

data 对应手机的 RAM，会存放 Android OS 运行时的 Cache 等临时数据（/data/dalvik-cache 目录）；没有 root 权限时 apk 程序安装在/data/app 中（只是存放 apk 文件本身）；/data/data 中存放 Emulator 或 GPhone 中所有程序（系统 apk＋第三方 apk）的详细目录信息。

sdcard 对应 sd 卡。

system 对应手机的 ROM、OS 以及系统自带 apk 程序等存放在这里。

DDMS 监听第一个终端 App 进程的端口为 8600，APP 进程将分配 8601，如果有更多终端或者更多 APP 进程将按照这个顺序依次类推。DDMS 通过 8700 端口（base port）接收所有终端的指令。

（5）Emulator Control 选项卡

模拟控制选项卡如图 1-23 所示。

通过它可以模拟出向手机发送短信、打电话、更新手机位置信息。

第 1 章　工欲善其事 必先利其器——Android SDK 工具

图 1-23　Emulator Control 选项卡

在 Emulator Control\Telephony Actions 中输入以下内容，如图 1-24 所示。

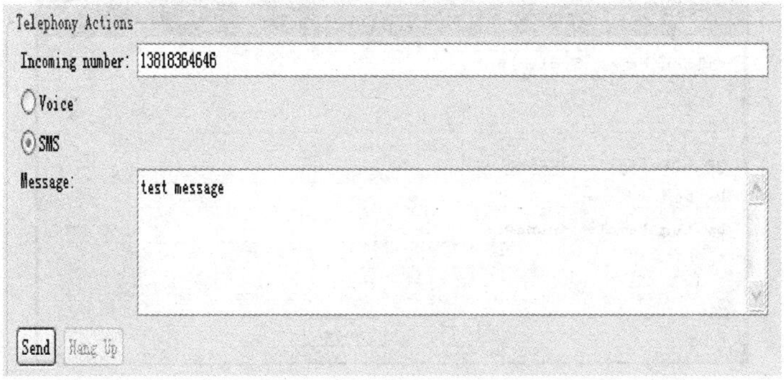

图 1-24　模拟发送短信

单击 Send 按钮则向 Android 模拟器发送短信，打开模拟器，则有一条短信提示，单击"打开"后，如图 1-25 所示。

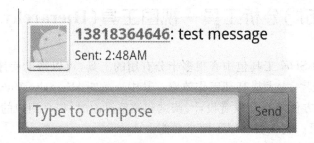

图 1-25　接收短信

(6) Logcat 选项卡

可以在程序中通过使用 Log 类来向 LogCat 打印信息，示例如图 1-26 所示。

可以通过单击右上角的"+"按钮添加 Log Filter 来过滤来查看 Log 信息，例如，只想查看"System.out"的日志信息，则添加一个 filter 如图 1-27 所示。

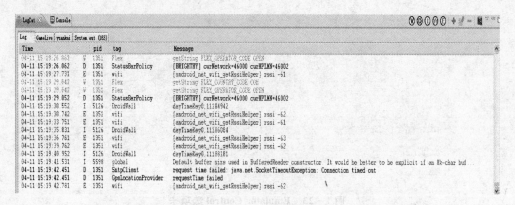

图 1-26 Logcat 选项卡

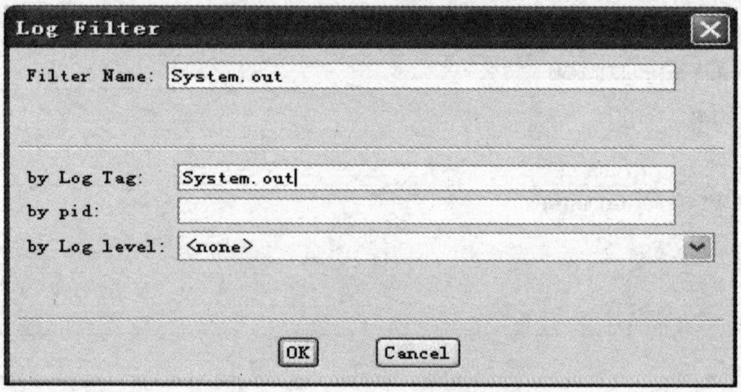

图 1-27 添加 Log Filter

单击 OK 按钮则添加了一个 Log Filter,里面显示的全是 System.out 打印出来的 Log 信息。

1.5 UI 布局分析工具—视图工具(Hierarchy Viewer)

Android 的 SDK 工具包中有很多十分有用的工具,可以帮助程序员开发和测试 Android 应用程序,大大提高其工作效率。其中一款叫 Hierachy Viewer 的可视化调试工具,可以很方便地在开发者设计、调试和调整界面时,提高用户的开发效率,达到事半功倍的效果。它主要有以下两个功能:

① 从可视化的角度直观地获得 UI 布局设计结构和各种属性的信息,从而优化布局设计;

② 结合 debug 帮助观察特定的 UI 对象进行 invalidate 和 requestLayout 操作的过程。

下面通过一个简单的例子来看看 Hierarchy Viewer 是如何使用的(需要注意的是,debug 状态下是不能启动 Hierachy Viewer 的)。

第 1 章　工欲善其事　必先利其器——Android SDK 工具

hierarchyviewer 的使用非常简单,启动模拟器或者连接上真机后,双击 android-sdk/tools 目录下的 hierarchyviewer.bat,则看到如图 1-28 所示的界面。

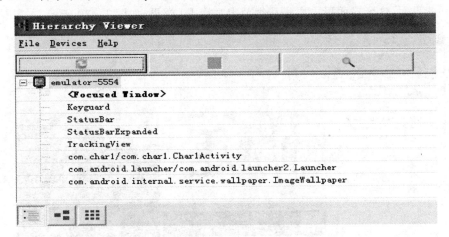

图 1-28　Hierarchy Viewer 主界面

Windows 里列出的是当前选中的设备的可以用来显示 View 结构的 Window,选中某个 Window,如图 1-28 中的 com.char1/com.char1.Char1Activity,双击则进入 Layout View。由于要解析相关 Window,所以这个过程要几秒钟,左边列出的是当前窗口的树型布局结构图,右边列出的是当前选中的某个子 View 的属性信息和在窗口中的位置,如图 1-29 所示。

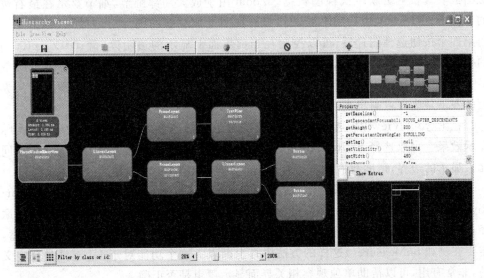

图 1-29　Layout View

需要注意的是,Layout View 列出的 View 结构是从视图的根节点开始的,比如针对 Launcher 使用的 layout,它的底层基础布局 DragLayer 实际上是放在一个 Fra-

· 15 ·

meLayout 里的，该 FrameLayout 又是被 PhoneWindow 的 DecorView 管理的。

单击界面左下角类似九宫格的按钮，就进入了 Android 称之为 Pixel Perfect View 的界面，这个界面里主要是从细节上观察 UI 效果，如图 1-30 所示。

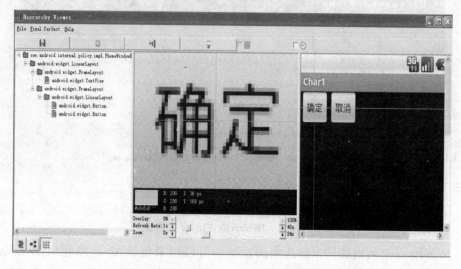

图 1-30 Pixel Perfect View

图 1-30 左边是浏览视图，中间是全局的视图，右边是当前关注地方的细节放大，是像素级别的，对于观察细节非常有用。Refresh Rate 用来控制 View 多久从模拟器或者真机上更新一次视图数据。Zoom 用于放大局部细节，细节显示在最右边的视图上。Overlay 主要用来测试在当前视图上加载新的图片后的效果，单击左上角第四个按钮选择图片后，可以控制在当前界面上显示的透明读，滑动 0%~100% 的控件即可。如果选择了 Show in Loupe，则右侧的放大视图也将加载图片的细节结合着透明度显示出来。不过目前这个 Overlay 做的比较简单，合成的图只能从界面的左下角为原点画出来，不能移动。

在 Layout View 中，选中一个 View 的图示双击，则可以看到这个 View 的实际显示效果。可以选择 Show Extras，这个功能比较实用，可以显示出该 View 中不同元素显示的边界，帮助我们检查是否正确，效果图如图 1-31 所示。

对于 Android 的 UI 来说，invalidate 和 requestLayout 是最重要的过程，Hierarchyviewer 提供了帮助 Debug 特定的 UI 执行 invalidate 和 requestLayout 过程的途径，方法很简单，只要选择希望执行这两种操作的 View 再单击按钮就可以。当然，需要在例如 onMeasure() 这样的方法中打上断点。这个功能对于 UI 组件是自定义的，非常有用，可以帮助单独观察相关界面显示逻辑是否正确。

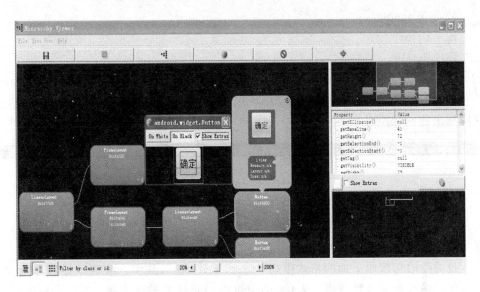

图 1-31　实际显示效果

1.6　Log 打印—Log 输出工具 logcat

1.6.1　启动 logcat

不仅仅是 Android 开发，对于所有的软件开发来说，Log 的地位都是非常重要的，它是一位开发和调试过程当中不可避免都会接触到的朋友。因此，怎么和这位朋友搞好关系，是必须要掌握好的。

在 Android 当中，Android 日志系统提供了记录和查看系统调试信息的功能。日志都是从各种软件和一些系统的缓冲区中记录下来的，缓冲区可以通过 logcat 命令来查看和使用。可以使用 adb logcat 命令来运行 logcat。

1.6.2　过滤日志输出

在开发和调试中，经常需要打印 Log 出来进行查看。但是有时候在大量的日志中寻找我们需要的信息是一件很头疼的事情，这里就需要过滤出需要的信息。

每一个输出的 Android 日志信息都有一个标签和它的优先级。日志的标签是系统部件原始信息的一个简要的标志（比如，View 就是查看系统的标签）。按照从低到高顺序来排列，优先级有以下几种：

V— Verbose (lowest priority)

D— Debug

I— Info

W— Warning
E— Error
F— Fatal
S— Silent (highest priority, on which nothing is ever printed)

运行 logcat 时,在前两列的信息中可以看到 logcat 的标签列表和优先级别,它是这样标出的:<priority>/<tag>,如图 1-32 所示。

```
D/dalvikvm( 265): GC_EXPLICIT freed 276 objects / 18536 bytes in 118ms
```

图 1-32 logcat 的组成

这里可以看到它的优先级是 D,标签是 dalvikvm。

为了让日志输出能体现管理的级别,还可以用过滤器来控制日志输出,过滤器可以帮助用户描述系统的标签等级。

过滤器语句按照下面的格式描述"tag:priority …",其中,tag 表示标签,priority 表示标签的报告的最低等级。从 tag 的中可以得到日志的优先级。可以在过滤器中多次写 tag:priority,它们之间用空格来表示。

下面的过滤语句指显示优先级为 Info 或更高的日志信息:adb logcat *:I

效果如图 1-33 所示。

```
I/PushService( 265): User ID not found.
I/PushService( 265): Service destroyed
```

图 1-33 logcat 过滤

这样之前优先级为 D 的 log 信息就被过滤了,只显示 I 等级以上的 log 信息。

1.6.3 控制日志输出格式

日志信息包括了许多元数据域,可以修改日志的输出格式,以显示出特定的元数据域。logcat 提供了以下几种格式:

- brief——默认格式,log 是按"优先级/标签(原进程的 PID)"的格式来显示的;
- process——log 是按"优先级(原进程的 PID)"的格式来显示的;
- tag——log 是按"优先级/标签"的格式来显示的;
- thread——log 是按"优先级(进程号:线程号)"的格式来显示的;
- raw——显示原始的 log 信息,不再有其他的元数据域;
- time——log 是按"时间 优先级/标签"的格式来显示的;
- long——显示所有的元数据域,并且信息之间以空白行来间隔。

当启动了 logcat 时,可以通过-v 选项来指定输出格式:

[adb] logcat [-v <format>]

下面是用 thread 来产生的日志格式:

adb logcat -v thread

效果如图 1-34 所示。

```
I( 265:0x109) User ID not found.
I( 265:0x109) Service destroyed
D( 256:0x100) GC_EXPLICIT freed 1509 objects / 486800 bytes in 141ms
D( 265:0x109) GC_EXPLICIT freed 278 objects / 18688 bytes in 129ms
D( 59:0x88) request time failed: java.net.SocketException: Address family not
supported by protocol
```

图 1-34 控制 logcat 输出格式

1.6.4 查看可用日志缓冲区

Android 日志系统有循环缓冲区，并不是所有的日志系统都有默认循环缓冲区。为了得到日志信息，则需要通过 -b 选项来启动 logcat。如果要使用循环缓冲区，则需要查看剩余的循环缓冲区：

> radio— 查看缓冲区的相关的信息。
> events— 查看和事件相关的的缓冲区。
> main— 查看主要的日志缓冲区

-b 选项使用方法：

[adb] logcat [-b <buffer>]

下面的例子表示怎么查看日志缓冲区包含 radio 和 telephony 信息：

adb logcat -b radio

效果如图 1-35 所示。

```
D/RILJ    ( 129): [0753]< SIGNAL_STRENGTH <7, 99, 0, 0, 0, 0, 0>
D/RILJ    ( 129): [0754]> SIGNAL_STRENGTH
D/RIL     (  32): onRequest: SIGNAL_STRENGTH
D/AT      (  32): AT> AT+CSQ
D/AT      (  32): AT< +CSQ: 7,99
D/AT      (  32): AT< OK
D/RILJ    ( 129): [0754]< SIGNAL_STRENGTH <7, 99, 0, 0, 0, 0, 0>
```

图 1-35 查看缓冲区

> **经验分享：**
>
> Android 中由系统启动的进程，默认 STDOUT 和 STDERR（System.out 和 System.err）是被定向到 /dev/null 中去的，所以，从 adb shell 是看不到程序的输出的，只能通过 LOGW 等打印，然后通过 logcat 查看。

1.7 图片拉伸不失真—九宫格绘制工具 Draw 9-Patch

1.7.1 什么是"点九"文件

有的时候需要拉伸图片来满足需求,但是有的图片一旦拉伸,就会产生一个很严重的问题——图片失真。那么怎么样既可以拉伸图片而又不失真呢? Android 平台上的.9.png 格式的图片就是为了解决这一问题而产生的。为了方便,这里将.9.png 格式的图片称作"点九"文件。

先来了解一下什么是点九文件:

① 点九格式的图片是 Android 平台上新创的一种被拉伸却不失真的东西;

② 点九格式的图片与传统的 png 格式的图片相比,其在图片四周有一圈一个像素点组成的边缘,该边缘用于对图片的可扩展区和内容显示区进行定义。

点九文件有以下几个特点:

① 点九格式的图片在 Android 环境下具有自适应调节大小的能力。

② 点九格式的图片允许开发人员定义可扩展区域,当需要延伸图片以填充比图片本身更大区域时,可扩展区的内容被延展。

③ 点九格式的图片允许开发人员定义内容显示区,用于显示文字或其他内容。

④ 点九格式的图片占用资源很小,一般一个几 KB 或者几十 KB 的图片会变成几百个字节,有利于节省流量和提高加载速度。

1.7.2 点九文件的制作

点九文件的制作是一个很简单的过程,在这里举一个例子来看看如何使用 Draw 9-Patch 工具制作点九格式的图片。步骤如下:

① 运行 Android-sdk\tools 目录下的 Draw9Patch.bat 来启动 Draw 9-Patch,如图 1-36 所示。

② 准备好需要制作的图片素材,如图 1-37 所示。然后把需要制作的图片拖进去,效果如图 1-38 所示。

③ 图 1-38 左边是原图区域,右边是拉伸预览区域,这个时候通过滑动左下角的 Patch scale 来拉伸一下,效果如图 1-39 所示。

这个时候可以看出 3 种拉伸都变形了,边框变的很粗,这是因为默认的拉伸是整体拉伸,但是很多时候只想拉伸图片的一部分,这样自定义拉伸区域,在 top 边最外面单击来添加宽度 4 px 的黑线,效果如图 1-40 所示。

可以看到,水平方向上的边框没有再被拉伸了。可以在 left 边的最外面也添加上黑线,效果如图 1-41 所示。

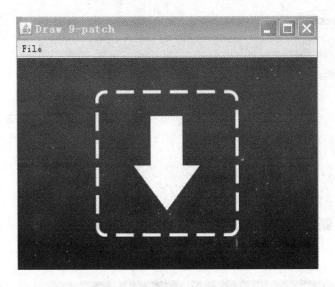

图 1-36　启动 Draw 9-Patch　　　　　　图 1-37　准备素材

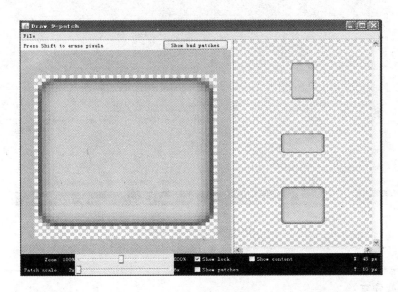

图 1-38　导入图片

这样,上下边的边框也不再拉伸了,只是拉伸了 left 边定义的 2 px 高度的区域。最后单击 File,保存图片就可以了。

Android 应用开发精解

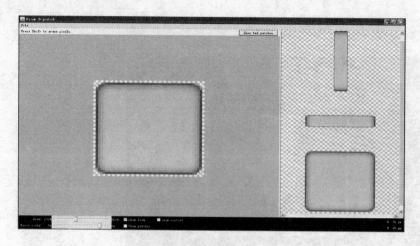

图 1-39　原始拉伸

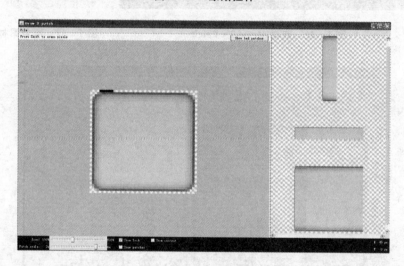

图 1-40　top 边处理

经验分享：
　　点九格式的图片四周比普通的 png 图片多了一个像素位的白色区域，该区域只有在图片被还原和制造的时候才能看到，当打包后无法看见，并且图片的总像素会缩小 2 个像素，比如 23×23 像素的点九格式的图片打包后会变成 21×21 像素，所以制作时要注意掌握尺寸。

第1章 工欲善其事 必先利其器——Android SDK 工具

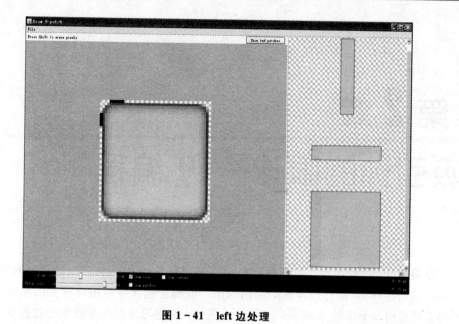

图 1-41 left 边处理

第 2 章
吸引你的眼球——UI 编程

学习 Android 应用程序的开发技术，除了先要熟悉相关工具以外，最直接的就是学习如何使用各种 UI 组件。开发的应用程序一般都会包含一组用户可见的界面，而这些界面就是由一个个的 Android UI 组件组成的。在学习界面开发技术的过程中，首先就要熟悉这些组件，然后才能将它们有效地组织起来构成一个美观、合理的界面。

本章先详细介绍一些常用的 UI 组件以及如何自定义组件，然后说明一些其他常用的 UI 编程技术。

2.1 UI 基础——常用 UI 组件

Android 的组件数量庞大，完全掌握它们是一个经验积累的过程。这里先介绍一些 Android 中常用的组件，它们就好比 Android 工程的基石，在每个应用的开发设计中或多或少的总会用到。接下来举出一些比较有特色的例子来帮助读者更好地掌握。

2.1.1 文本显示——文本框(TextView)

文本框是用来显示文本标签的 android 组件，是最常用的 android 组件之一。TextView 使用起来非常简单，以一个简单的例子来加以说明。步骤如下：

① 在 res/layout 目录下新建一个布局文件 textview.xml，代码如下：

```
<? xml version = "1.0" encoding = "utf - 8"? >
<LinearLayout
    xmlns:android = "http://schemas.android.com/apk/res/android"
    android:orientation = "horizontal"
    android:layout_width = "match_parent"
    android:layout_height = "match_parent">
```

第 2 章 吸引你的眼球——UI 编程

```xml
<TextView
    android:id = "@ + id/my_textview"
    android:layout_gravity = "center_vertical"
    android:layout_width = "wrap_content"
    android:layout_height = "wrap_content"
    android:textColor = "@android:color/white"
    android:text = "0123456789"
    android:textSize = "16sp"/>
</LinearLayout>
```

这个布局文件中定义了一个 id 属性为"my_textview"的 TextView 并让它垂直居中,给组件定义 id 是为了让别的组件或者代码可以可以找到并引用它。

② 新建一个 Activity,并将 textview.xml 文件作为 该 Activity 的 content view,部分代码如下:

```java
@Override
protected void onCreate(Bundle savedInstanceState) {
    super.onCreate(savedInstanceState);
    setContentView(R.layout.textview);
}
```

效果如图 2-1 所示。

图 2-1 TextView 的使用

上面的例子可以看出,TextView 的使用是非常简单的,这里使用的也只是 TextView 的基本属性。但是试想一下,如果宽度不够,但又只想用一行来显示,那怎么办呢?没有关系,可以让 TextView 滚动起来。在布局文件中改变 TextView 的属性,代码如下:

```xml
<TextView
    android:id = "@ + id/my_textview"
    android:layout_width = "50dp"
    android:layout_height = "wrap_content"
    android:layout_gravity = "center_vertical"
    android:textColor = "@android:color/white"
    android:text = "0123456789"
```

```
android:textSize = "16sp"
android:focusable = "true"
android:focusableInTouchMode = "true"
android:singleLine = "true"
android:ellipsize = "marquee"
android:marqueeRepeatLimit = "marquee_forever"/>
```

这里要注意下面几个属性：android:focusable 设置是否获得焦点；android:singleLine 设置是否单行显示；android:ellipsize 设置当文字过长时,该组件该如何显示,有如下值设置：start——省略号显示在开头；end——省略号显示在结尾；middle——省略号显示在中间；marquee——以跑马灯的方式显示（动画横向移动）；android:marqueeRepeatLimit 设置重复的次数；特别需要注意的是 android:focusableInTouchMode 这个属性,只有将它设为 true,获得焦点才能生效。

效果如图 2-2 所示。可以看到,TextView 滚动起来了。

图 2-2　TextView 跑马灯效果

经验分享：

由于设备或系统的不同,有的时候我们调试好的应用放到另外的设备上往往得不到想要的结果,不是位置偏移了就是字体的大小不对,这里就涉及一些 size 单位的问题：

- px(像素)：屏幕上的点；
- in(英寸)：长度单位；
- mm(毫米)：长度单位；
- pt(磅)：1/72 英寸；
- dp(与密度无关的像素)：一种基于屏幕密度的抽象单位,在每英寸 160 点的显示器上,1 dp = 1 px；
- dip：与 dp 相同,多用于 android/ophone 示例中；
- sp(与刻度无关的像素)：与 dp 类似,但是可以根据用户的字体大小首选项进行缩放。

为了使用户界面能够在现在和将来的显示器类型上正常显示,建议读者始终使用 sp 作为文字大小的单位,将 dip 作为其他元素的单位。

2.1.2 按钮(Button)

按钮也是最常用的组件之一。在 Android 平台中,按钮是通过 Button 组件来实现的,实现起来也非常简单。这里以一个简单的例子来介绍按钮的使用。步骤如下:

(1) 定义按钮

在布局文件中定义一个 Button 和一个 TextView:

```xml
<?xml version="1.0" encoding="utf-8"?>
<LinearLayout
    xmlns:android="http://schemas.android.com/apk/res/android"
    android:orientation="vertical"
    android:layout_width="match_parent"
    android:layout_height="match_parent">
    <TextView
        android:id="@+id/my_textview"
        android:gravity="center"
        android:layout_width="fill_parent"
        android:layout_height="100dp"
        android:text="按钮未单击"
        android:textColor="@android:color/white"/>
    <Button
        android:id="@+id/my_button"
        android:layout_width="fill_parent"
        android:layout_height="37dp"
        android:background="@drawable/button"
        android:padding="1dp"
        android:text="确定"/>
</LinearLayout>
```

(2) 按钮的状态

按钮有 3 种状态:normal(正常状态)、focus(焦点状态)及 pressed(按下状态)。使用 Button 的时候往往需要对这 3 种状态设置不同的响应效果,这个实现起来也很简单。

可以在 res/drawable 目录下定义一个资源文件 button.xml,在里面定义 3 种状态,每种状态对应一张图片。这里,我们在按钮获取焦点和按下时使用同一张图片,正常状态时使用另一张图片,代码如下所示:

```xml
<?xml version="1.0" encoding="utf-8"?>
<selector xmlns:android="http://schemas.android.com/apk/res/android">
    <item
        android:state_pressed="true"
```

```
        android:drawable = "@drawable/press"/>
    <item
        android:state_focused = "true"
        android:drawable = "@drawable/press" />
    <item
        android:drawable = "@drawable/normal"/>
</selector>
```

这样,只需要引用 drawable 里的资源文件(android:background="@drawable/button")就可以实现按钮的 3 种状态。代码如下所示:

```
<Button
    android:id = "@+id/my_button"
    android:layout_width = "wrap_content"
    android:layout_height = "wrap_content"
    android:background = "@drawable/button"
    android:text = "我的按钮"/>
```

(3) 按钮单击事件

既然是按钮,则单击之后自然要触发相应的事件,所以需要对按钮设置 setOnClickListener 进行事件监听。在这个例子中,我们让它在单击后改变 TextView 的文本内容:

```
Button button = (Button)findViewById(R.id.my_button);
TextView textView = (TextView)findViewById(R.id.my_textview);
Button.setOnClickListener(new View.OnClickListener() {
    @Override
    public void onClick(View v) {
        textView.setText("按钮已单击");
    }
} );
```

下面看看效果吧,如图 2-3～图 2-5 所示。

图 2-3 按钮未单击时

图 2-4 按钮单击时

图 2-5　按钮单击后

经验分享：

这个例子使用.9格式的图片作为背景,这样按钮拉伸的时候不会失真。并且在定义按钮的时候为它添加了一个 android:padding="1dp" 属性,如果没有这个属性,则按钮上的文字会被背景覆盖而不显示,读者可以自己尝试一下。

2.1.3　文本编辑—编辑框(EditText)

EditText 也是开发中经常要用到的组件。比如要实现一个登录界面,需要用户输入账号、密码、邮件等信息,这里就需要使用 EditText 组件来获得用户输入的内容,下面就以一个登录界面为例,来看看 EditText 是怎么使用的。步骤如下：

① 在布局文件中定义一个 TextView(用来响应按钮事件)、两个 EditText 组件(一个用来记录用户名,一个用来记录密码)、一个登录按钮和一个取消按钮,代码如下：

```
<?xml version = "1.0" encoding = "utf-8"?>
<LinearLayout
    xmlns:android = "http://schemas.android.com/apk/res/android"
    android:orientation = "vertical"
    android:layout_width = "match_parent"
    android:layout_height = "match_parent">
    <EditText
        android:id = "@ + id/name_edittext"
        android:layout_width = "200dp"
        android:layout_height = "wrap_content"
        android:hint = "请输入用户名"/>
```

```xml
<EditText
    android:id = "@ + id/pwd_edittext"
    android:layout_width = "200dp"
    android:layout_height = "wrap_content"
    android:password = "true"
    android:hint = "请输入密码"/>
<LinearLayout
    android:orientation = "horizontal"
    android:layout_width = "wrap_content"
    android:layout_height = "wrap_content">
    <Button
        android:id = "@ + id/ok_button"
        android:layout_width = "80dp"
        android:layout_height = "wrap_content"
        android:text = "登录"/>
    <Button
        android:id = "@ + id/cancel_button"
        android:layout_width = "80dp"
        android:layout_height = "wrap_content"
        android:text = "取消"/>
</LinearLayout>
</LinearLayout>
```

EditText 中 android:hint 属性是当用户没有输入任何内容时默认显示的提示信息。当然,也可以在代码中轻松地实现,例如:

```java
EditText editView = (EditText)findViewById(R.id.name_edittext);
editView.setHint("请输入用户名");
```

而 android:password 这个属性是用于输入密码之类涉及隐私需要保密的信息。

② 单击"登录"按钮时,判断用户名和密码是否都已输入,若是,则在 TextView 中显示"登录成功";否则,显示"请检查输入信息"。单击"取消"按钮,则将 TextView 和 EditText 中的文本全部清空,部分代码如下:

```java
okButton = (Button)findViewById(R.id.ok_button);
cancelButton = (Button)findViewById(R.id.cancel_button);
nameEditText = (EditText)findViewById(R.id.name_edittext);
pwdEditText = (EditText)findViewById(R.id.pwd_edittext);
statusTextView = (TextView)findViewById(R.id.status_textview);
okButton.setOnClickListener(new View.OnClickListener() {

    @Override
    public void onClick(View v) {
```

第 2 章 吸引你的眼球—UI 编程

```
            if(nameEditText.length() == 0||pwdEditText.length() == 0){
                statusTextView.setText("请检查输入信息");
            }else{
                statusTextView.setText("登录成功");
            }
        }
    });
    cancelButton.setOnClickListener(new View.OnClickListener() {

        @Override
        public void onClick(View v) {
            nameEditText.setText("");
            pwdEditText.setText("");
            statusTextView.setText("");
        }
    });
```

效果如图 2-6~图 2-8 所示。

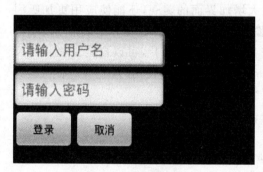

图 2-6 初始界面

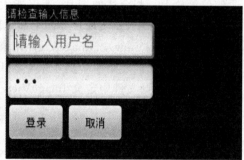

图 2-7 输入信息不完整

图 2-8 登录成功

经验分享：

很多时候，EditText 组件会默认获得焦点并弹出软键盘，就可能出现一打开 Activity 就弹出软键盘的情况，但是我们并不想要这样的效果，这个时候可以在布局文件中加入以下代码来避免这样的情况出现：

```
<LinearLayout
    android:layout_width = "0dp"
    android:layout_height = "0dp"
    android:focusableInTouchMode = "true"
    android:focusable = "true" />
```

2.1.4　图片显示—图片视图（ImageView）

如果一个界面全是由文字组成的，那这个界面一定是枯燥而乏味的。因此，在合适的位置放上一些合适的图片，不仅能大大增加界面的美观，还能使应用更加吸引人。在 Android 中，要实现在界面上显示图片有很多种方法，这里介绍最常用的图片视图组件（ImageView）。ImageView 用来显示任意图像图片，可以自定义显示的尺寸和颜色等。我们还是举个例子来看看 ImageView 是怎么使用的。

首先，在布局文件中定义 ImageView 组件：

```
<?xml version = "1.0" encoding = "utf-8"?>
<RelativeLayout
    xmlns:android = "http://schemas.android.com/apk/res/android"
    android:layout_width = "match_parent"
    android:layout_height = "match_parent">
    <ImageView
        android:id = "@+id/my_imageview"
        android:layout_centerInParent = "true"
        android:layout_width = "200dp"
        android:layout_height = "200dp"
        android:src = "@drawable/p06"/>
</RelativeLayout>
```

这里在布局文件中定义了一个 ID 为 my_imageview 的 ImageView 组件，让它在界面上显示了一张 p06.jpeg 的图片，这张图片放在 res/drawable 目录下。如果不在布局文件中设置图片，也可以在代码中来实现：

```
ImageView image = (ImageView)findViewById(R.id.my_imageview);
mage.setImageResource(R.drawable.p06);
```

需要注意的是,也可以用 android:background="@drawable/p06" 来设置图片。但是二者的使用又有区别:background 会根据 ImageView 的长宽进行拉伸,而 src 就存放的是原图的大小,不会进行拉伸。当然,它们两个也可以同时使用。src 和 background 效果如图 2-9 和图 2-10 所示。

图 2-9　src 效果　　　　　　　　　图 2-10　background 效果

另外,ImageView 中还有一些属性也需要注意:
- android:adjustViewBounds 是否保持宽高比。需要与 maxWidth、MaxHeight 一起使用,单独使用没有效果;
- android:cropToPadding 是否截取指定区域用空白代替。单独设置无效果,需要与 scrollY 一起使用;
- android:maxHeight 定义 View 的最大高度,需要与 AdjustViewBounds 一起使用,单独使用没有效果。

如果想设置图片固定大小,又想保持图片宽高比,需要如下设置:
① 设置 AdjustViewBounds 为 true;
② 设置 maxWidth、MaxHeight;
③ 设置设置 layout_width 和 layout_height 为 wrap_content。

android:maxWidth 设置 View 的最大宽度。
android:scaleType 设置图片的填充方式。
android:src 设置 View 的图片或颜色
android:tint 将图片渲染成指定的颜色。

> **经验分享：**
>
> 很多时候,我们设置图片往往要给图片设置透明度。src 和 background 不同,设置图片透明度的方法也略有区别。
>
> 用 src 来设置图片时,在代码中直接就可以通过 myImageView.setAlpha(int alpha)来设置;而如果是通过 background 来设置图片,则要先取得它的 background 然后再设置:myImageView.getBackground().setAlpha(int alpha)。

2.1.5 多项选择—多选框(CheckBox)和单项选择—单选框(RadioBox)

1. 多选框(CheckBox)

Android 平台提供了 CheckBox 来实现多项选择。需要注意的是,既然是多项选择,那么为了确定用户是否选择了某一项,需要对多选框的每一个选项进行事件监听。这里用一个简单的例子来看看多选框是如何实现的。

首先,新建一个 checkbox.xml 的布局文件:

```xml
<?xml version="1.0" encoding="utf-8"?>
<LinearLayout
    xmlns:android="http://schemas.android.com/apk/res/android"
    android:orientation="vertical"
    android:layout_width="match_parent"
    android:layout_height="match_parent">
    <TextView
        android:layout_width="wrap_content"
        android:layout_height="wrap_content"
        android:text="请选择你感兴趣的运动"
        android:textColor="@android:color/white"
        android:textSize="20sp"/>
    <CheckBox
        android:id="@+id/my_checkbox1"
        android:layout_width="wrap_content"
        android:layout_height="wrap_content"
        android:text="游泳"/>
    <CheckBox
        android:id="@+id/my_checkbox2"
```

```
        android:layout_width = "wrap_content"
        android:layout_height = "wrap_content"
        android:text = "跑步"/>
    <CheckBox
        android:id = "@ + id/my_checkbox3"
        android:layout_width = "wrap_content"
        android:layout_height = "wrap_content"
        android:text = "打球"/>
</LinearLayout>
```

这个布局文件中定义了一个 TextView 组件、3 个 CheckBox 组件,然后,将该布局文件作为 Activity 的 content view,效果如图 2-11 所示。

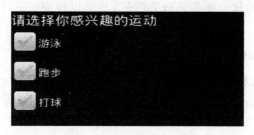

图 2-11　CheckBox 的使用

在代码中可以分别对每一个 CheckBox 进行监听:

```
CheckBox checkBox1 = (CheckBox)findViewById(R.id.my_checkbox1);
CheckBox checkBox2 = (CheckBox)findViewById(R.id.my_checkbox2);
CheckBox checkBox3 = (CheckBox)findViewById(R.id.my_checkbox3);
checkBox1.setOnCheckedChangeListener(new OnCheckedChangeListener() {
    @Override
    public void onCheckedChanged(CompoundButton buttonView,
            boolean isChecked) {
        if(isChecked){
            Log.d("test", "checkbox1 is isChecked");
        }
    }
});
checkBox2.setOnCheckedChangeListener(new OnCheckedChangeListener() {
    @Override
    public void onCheckedChanged(CompoundButton buttonView,
            boolean isChecked) {
        if(isChecked){
            Log.d("test", "checkbox2 is isChecked");
        }
```

```
        }
    });
    checkBox3.setOnCheckedChangeListener(new OnCheckedChangeListener() {
        @Override
        public void onCheckedChanged(CompoundButton buttonView,
                boolean isChecked) {
            if(isChecked){
                Log.d("test", "checkbox3 is isChecked");
            }
        }
    });
```

这样,对多选框的每一项都进行监听后,就可以针对每一个相应的操作进行处理了。

2. 单选框(RadioGroup、RadioButton)

单选框和多选框不同,一次只能选择一个选项。Android 平台提供了单选框的组件,可以通过 RadioGroup、RadioButton 组合起来实现单项选择的效果。举例如下。

首先,新建一个 radio.xml 布局文件:

```
<?xml version="1.0" encoding="utf-8"?>
<LinearLayout
    xmlns:android="http://schemas.android.com/apk/res/android"
    android:orientation="vertical"
    android:layout_width="match_parent"
    android:layout_height="match_parent">
    <TextView
        android:layout_width="wrap_content"
        android:layout_height="wrap_content"
        android:text="请选择您的性别"
        android:textColor="@android:color/white"
        android:textSize="20sp"/>
    <RadioGroup
        android:id="@+id/my_rediogroup"
        android:orientation="vertical"
        android:layout_width="wrap_content"
        android:layout_height="wrap_content">
        <RadioButton
            android:id="@+id/radio_man"
            android:layout_width="wrap_content"
            android:text="男"
```

```
        android:layout_height = "wrap_content"
        android:checked = "true"/>
    <RadioButton
        android:id = "@ + id/radio_woman"
        android:layout_width = "wrap_content"
        android:text = "女"
        android:layout_height = "wrap_content"/>
    </RadioGroup>
</LinearLayout>
```

这个布局文件中定义了一个 TextView 组件、一个 RadioGroup 组里面有两个 RadioButton 组件,然后,将该布局文件作为 Activity 的 content view,效果如图 2 – 12 所示。

图 2 – 12 RadioButton 的使用

可以看到,在一组 RadioGroup 中只能有一个 RadioButton 被选中。

RadioButton 除了可以和 CheckBox 一样进行监听之外,还能单独对 RadioGroup 进行监听:

```
RadioGroup myRadioGroup = (RadioGroup)findViewById(R.id.my_rediogroup);
myRadioGroup.setOnCheckedChangeListener(
new RadioGroup.OnCheckedChangeListener() {

        @Override
        public void onCheckedChanged(RadioGroup group, int checkedId) {
            switch(checkedId){
            case R.id.radio_man:
                Log.d("test","man  is isChecked");
                Break;
            case R.id.radio_woman:
                Log.d("test","woman is isChecked");
                break;
            }
            mHandler.sendMessage(mHandler.obtainMessage(REFLASH));
        }
```

        });

> **经验分享：**
>
> 我们要设置多选框的大小，并不能单纯地通过设置 CheckBox 的 android:layout_width 和 android:layout_height 属性来设定（如果只是这样的设定，读者不妨试一试，只能显示多选框的一部分形状，而不是把整个多选框等比缩放），而是需要为它设置一个样式，并在样式中为它设置图片，例如：
>
> ```
> <style name = "gl_task_checkbox"
> parent = "@android:style/Widget.CompoundButton.CheckBox">
>     <item name = "android:button">@drawable/图片名</item>
> </style>
> ```
>
> 这样，CheckBox 才能按照我们设定的大小来显示。

2.1.6 图片拖动—拖动效果（Gallery）

一个应用如果有非常炫的效果相信也可以吸引不少人的眼球。Gallery 就是一个非常炫的效果，你可以用手指直接拖动图片进行移动，iPhone 刚出现的时候，这个效果就吸引了无数的苹果粉丝为之疯狂，在 Android 平台上也可以实现这一效果。下面以一个简单的像册例子来加以说明。步骤如下：

① 在布局文件中定义一个 Gallery（用来展示图片）和一个 TextView（用来监听 Gallery 单击事件）。

```
<Gallery
    android:id = "@+id/my_gallery"
    android:layout_width = "fill_parent"
    android:layout_height = "wrap_content"/>
```

② 使用一个容器来存放 Gallary 显示的图片。这里使用一个继承自 BaseAdapter 类的派生类来充当容器。代码如下：

```
// import 略
public class ImageAdapter extends BaseAdapter {
    private Context mContext;
    private Integer[] mImageIds = {
        R.drawable.p01, R.drawable.p02, R.drawable.p03};
    public ImageAdapter(Context context) {
```

```
        mContext = context;
    }
    @Override
    public int getCount() {
        return mImageIds.length;
    }
    @Override
    public Object getItem(int position) {
        return position;
    }
    @Override
    public long getItemId(int position) {
        return position;
    }
    @Override
    public View getView(int position, View convertView, ViewGroup parent) {
        ImageView i = new ImageView(mContext);
        // 给 ImageView 设置资源
        i.setImageResource(mImageIds[position]);
        // 设置显示比例类型
        i.setScaleType(ImageView.ScaleType.FIT_XY);
        // 设置布局图片以 200 * 400 的比例显示
        i.setLayoutParams(new Gallery.LayoutParams(200, 400));
        return i;
    }
}
```

③ 通过 setAdapter 方法把资源文件添加到 Gallery 中显示,并给它添加事件监听。部分代码如下：

```
myTextView = (TextView) findViewById(R.id.my_textview);
    Gallery gallery = (Gallery) findViewById(R.id.my_gallery);
    gallery.setAdapter(new ImageAdapter(this));
    gallery.setOnItemClickListener(new AdapterView.OnItemClickListener() {
        @Override
        public void onItemClick(AdapterView<?> arg0, View arg1,
            int position, long id) {
            myTextView.setText("你单击的是第" + (position + 1) + "图片");
        }
    });
```

效果如图 2-13 所示。

图 2-13 Gallary 的使用

④ 改变样式。这是你想要的效果么？中间的边框似乎看起来怪怪的，没关系，我们可以解决它。

在 valus 目录下新建一个 attrs.xml 文件，代码如下：

```xml
<?xml version="1.0" encoding="utf-8"?>
<resources>
    <declare-styleable name="myGallery">
        <attr name="android:galleryItemBackground" />
    </declare-styleable>
</resources>
```

然后在 ImageAdapter 中的两个地方做一些改动，一个是它的构造方法：

```
int mGalleryItemBackground;
public ImageAdapter(Context context) {
    mContext = context;
    TypedArray a = obtainStyledAttributes(R.styleable.myGallery);
    mGalleryItemBackground = a.getResourceId(R.styleable.myGallery_android_galleryItemBackground, 0);
    a.recycle();
}
```

最后一步，在 getView 方法中将 mGalleryItemBackground 应用为 ImageView 的背景，代码如下：

```
i.setBackgroundResource(mGalleryItemBackground);
```

效果如图 2-14 所示。

图 2-14　Gallary 中使用样式

2.1.7　列表组件(ListView)

ListView 在 Android 中也是一个使用比较频繁的组件。它相对于其他的基本组件来说,使用起来稍微复杂一些,需要注意的也比较多,尤其是和其他一些组件组合起来使用的情况。

在 Android 中,ListView 用来显示一个列表的组件,以列表的形式展示具体的内容,并且能够根据数据的长度自适应显示。用户可以选择并操作这个列表,同时会触发相应的事件:当鼠标滚动时会触发 setOnItemSelectedListener 事件;当单击列表时会触发 setOnItemClickListener 事件。

列表的显示需要 3 个元素:

① ListView:用来展示列表的 View;

② 适配器:用来把数据映射到 ListView 上的中介;

③ 数据:具体的将被映射的字符串、图片或者其他基本组件。

根据列表的适配器类型,列表分为 3 种:ArrayAdapter、SimpleAdapter 和 SimpleCursorAdapter。其中以 ArrayAdapter 最为简单,只能展示一行字;SimpleAdapter 有最好的扩充性,可以自定义出各种效果;SimpleCursorAdapter 可以认为是 SimpleAdapter 对数据库的简单结合,可以方便地把数据库中的内容以列表的形式展示出来。

下面分别以一个例子来看看这些 ListView 是如何实现的。步骤如下:

① 首先来看 ArrayAdapter,部分代码如下:

```
private ListView listView;
```

```
    @Override
    public void onCreate(Bundle savedInstanceState){
        super.onCreate(savedInstanceState);
        listView = new ListView(this);
        listView.setAdapter(new ArrayAdapter<String>(this, android.R.layout.simple_expandable_list_item_1,getData()));
        setContentView(listView);
    }

    private List<String> getData(){
        List<String> data = new ArrayList<String>();
        data.add("第一行");
        data.add("第二行");
        data.add("第三行");
        return data;
    }
```

效果如图 2-15 所示。

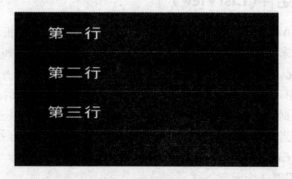

图 2-15　ArrayAdapter 的使用

这种列表使用了 ArrayAdapter(context, int textViewResourceId, <T> objects)来装配数据，ArrayAdapter 的构造需要 3 个参数，依次为、布局文件(注意这里的布局文件描述的是列表的每一行的布局，android.R.layout.simple_list_item_1 是系统定义好的布局文件只显示一行文字，数据源(一个 List 集合)。同时用 setAdapter()完成适配。

② SimpleCursorAdapter 是把从游标得到的数据进行列表显示，并可以把指定的列映射到对应的 TextView 中。

下面例子的功能从电话簿中把联系人显示到类表中。先在通讯录中添加一个联系人作为数据库的数据，然后获得一个指向数据库的 Cursor 并且定义一个布局文件(当然也可以使用系统自带的)。

```
    private ListView listView;
```

```
@Override
public void onCreate(Bundle savedInstanceState){
    super.onCreate(savedInstanceState);
    listView = new ListView(this);
    Cursor cursor = getContentResolver().query(People.CONTENT_URI, null, null, null, null);
    startManagingCursor(cursor);
    ListAdapter listAdapter = new SimpleCursorAdapter(this, android.R.layout.simple_expandable_list_item_1,
        cursor,
        new String[]{People.NAME},
        new int[]{android.R.id.name});
    listView.setAdapter(listAdapter);
    setContentView(listView);
}
```

SimpleCursorAdapter 构造函数前面 3 个参数和 ArrayAdapter 是一样的,最后两个参数:一个包含数据库的列的 String 型数组,一个包含布局文件中对应组件 id 的 int 型数组。其作用是自动将 String 型数组所表示的每一列数据映射到布局文件对应 id 的组件上。上面的代码将 NAME 列的数据一次映射到布局文件的 id 为 name 的组件上。

另外,读取通讯录需要在 AndroidManifest.xml 中如权限:＜uses-permission android:name=" android.permission.READ_CONTACTS " ＞＜/uses-permission＞。

效果如图 2-16 所示。

图 2-16 SimpleCursorAdapter 的使用

③ SimpleAdapter 是比较常用的一种列表。它的扩展性最好,可以定义各种各样的布局出来,可以放上 ImageView(图片),还可以放上 Button(按钮)、CheckBox

（复选框）等。这里也以一个例子来看看它是如何实现的。

首先，定义一个 list_item.xml 文件来定义 list 的内容：

```xml
<?xml version="1.0" encoding="utf-8"?>
<LinearLayout
    xmlns:android="http://schemas.android.com/apk/res/android"
    android:orientation="horizontal"
    android:layout_width="match_parent"
    android:layout_height="match_parent">
    <TextView
        android:id="@+id/name_textview"
        android:layout_height="wrap_content"
        android:layout_width="100dp"/>
    <TextView
        android:id="@+id/phone_textview"
        android:layout_height="wrap_content"
        android:layout_width="150dp"/>
    <Button
        android:id="@+id/call_button"
        android:layout_height="wrap_content"
        android:layout_width="wrap_content"
        android:text="呼叫"/>
</LinearLayout>
```

这里定义了两个 TextView、一个 Button 按钮，接着新建一个 MyList 类继承自 ListActivity（ListActivity 类继承 Activity 类，默认绑定了一个 ListView（列表视图）界面组件，并提供一些与列表视图、处理相关的操作），部分代码如下：

```java
@Override
public void onCreate(Bundle savedInstanceState) {
    super.onCreate(savedInstanceState);
    SimpleAdapter adapter = new SimpleAdapter(this,getData(),R.layout.list_item,
        new String[]{"name","phone"},
        new int[]{R.id.name_textview,R.id.phone_textview});
    setListAdapter(adapter);
}

private List<Map<String, Object>> getData() {
    List<Map<String, Object>> list = new ArrayList<Map<String, Object>>();
    Map<String, Object> map = new HashMap<String, Object>();
    map.put("name", "张三");
    map.put("phone", "13472345623");
    list.add(map);
```

```
    map = new HashMap<String, Object>();
    map.put("name", "李四");
    map.put("phone", "13472345623");
    list.add(map);
    map = new HashMap<String, Object>();
    map.put("name", "王五");
    map.put("phone", "13472345623");
    list.add(map);
    return list;
}
```

效果如图 2-17 所示。

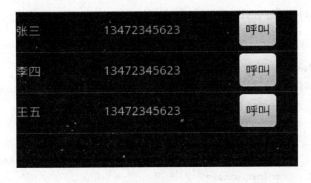

图 2-17　SimpleAdapter 的使用

单击按钮时需要进行一系列的操作，但是上面那样做无法满足我们的需求。这是因为按钮是无法映射的，即使成功地用布局文件显示出了按钮也无法添加按钮的响应，这样就需要做一些别的事情来监听按钮事件：

首先，需要定义一个类 ViewHolder，它里面定义列表中的 3 个组件：

```
public final class ViewHolder{
    public TextView name;
    public TextView phone;
    public Button call;
}
```

然后，定义一个 mData 用于存储数据：

```
private List<Map<String, Object>> mData;
```

接着，定义一个类 MyAdapter 继承自 BaseAdapter：

```
public class MyAdapter extends BaseAdapter{

        private LayoutInflater mInflater;
```

```java
public MyAdapter(Context context){
    this.mInflater = LayoutInflater.from(context);
}
@Override
public int getCount() {
    return mData.size();
}
@Override
public Object getItem(int arg0) {
    return null;
}
@Override
public long getItemId(int arg0) {
    return 0;
}
@Override
public View getView(int position, View convertView, ViewGroup parent) {
    ViewHolder holder = null;
    if (convertView == null) {
        holder = new ViewHolder();
        convertView = mInflater.inflate(R.layout.list_item, null);
        holder.name = (TextView)convertView.findViewById(R.id.name_textview);
        holder.phone = (TextView)convertView.findViewById(R.id.phone_textview);
        holder.call = (Button)convertView.findViewById(R.id.call_button);
        convertView.setTag(holder);
    }else {
        holder = (ViewHolder)convertView.getTag();
    }
    holder.name.setText((String)mData.get(position).get("name"));
    holder.phone.setText((String)mData.get(position).get("phone"));
    holder.call.setOnClickListener(new View.OnClickListener() {
        @Override
        public void onClick(View v) {
            Log.d("test","call the number");
        }
    });
    return convertView;
}
}
```

最后是onCreate方法：

```java
@Override
public void onCreate(Bundle savedInstanceState) {
    super.onCreate(savedInstanceState);
    mData = getData();
    MyAdapter adapter = new MyAdapter(this);
    setListAdapter(adapter);
}
```

这样就可以对列表中的每一个组件进行事件监听了。如果要对ListView的每一行单击事件进行监听，则需要实现OnItemClickListener接口中的onItemClick方法：

```java
@Override
public void onItemClick(AdapterView<?> arg0, View arg1, int arg2, long arg3) {
    Log.d("test", "item：" + arg2);
}
```

上面介绍的是使用ListActivity方式，因为它默认绑定了一个ListView，所以并不需要自己定义ListView就能直接使用了，但是很多时候，可能是在布局中自己定义一个ListView，我们可以控制它的大小等属性，例如：

```xml
<?xml version = "1.0" encoding = "utf-8"?>
<LinearLayout
    xmlns:android = "http://schemas.android.com/apk/res/android"
    android:orientation = "vertical"
    android:layout_width = "match_parent"
    android:layout_height = "match_parent">
    <ListView
        android:id = "@android:id/list"
        android:layout_width = "fill_parent"
        android:layout_height = "fill_parent"/>
</LinearLayout>
```

这里需要注意的是，这个ListView的id必须为"@android:id/list"，然后通过以下的代码来实现：

```java
AdapterView<?> mAdapterView = (ListView) findViewById(android.R.id.list);
((AbsListView) mAdapterView).setAdapter(adapter);
```

如果用这种方法，除了可以实现OnItemClickListener接口之外，也可以直接对ListView绑定监听事件来达到处理单击列表每一行的效果：

```java
mAdapterView.setOnItemClickListener(new OnItemClickListener() {
```

```
            @Override
            public void onItemClick(AdapterView<?> arg0, View arg1, int arg2, long arg3) {
                Log.d("test", "item: " + arg2);
            }
        });
```

> **经验分享：**
>
> 　　有的时候，我们为列表添加了 OnItemClickListener 监听，但是单击每一行后并没有效果。这是因为，如果列表中有 CheckBox 或者是 Button 等存在的话，其默认是获得焦点的，而 ListView 的 item 能被选中的条件是要获得焦点，因为我们在根控件下设置如下属性：
> 　　android:descendantFocusability = "blocksDescendants"，这样 Item Layout 就屏蔽了所有子控件获取 Focus 的权限，而自己能够获得焦点响应单击事件了。

2.2　彰显你的个性——自定义 UI 组件

很多时候，Android 的常用控件并不能满足我们的需求。为了吸引更多的眼球，达到标新立异的效果，可以自定义各种控件。可以通过继承基础控件来重写某些环节，也可以将多个控件组合成一个新控件来使用。

先来看看下面一个例子，其中实现了一个带有图片和文字的按钮。

首先，定义一个 layout，实现按钮内部的布局。代码如下：

```
<?xml version = "1.0" encoding = "utf-8"?>
<LinearLayout xmlns:android = "http://schemas.android.com/apk/res/android"
    android:orientation = "horizontal"
    android:layout_width = "wrap_content"
    android:layout_height = "wrap_content" >
<ImageView
    android:layout_width = "wrap_content"
    android:layout_height = "wrap_content"
    android:id = "@+id/iv"
    android:paddingTop = "5dip"
    android:paddingBottom = "5dip"
    android:paddingLeft = "20dip"
    android:layout_gravity = "center_vertical" />
```

```
<TextView
    android:layout_width = "wrap_content"
    android:layout_height = "wrap_content"
    android:textColor = "#333"
    android:id = "@+id/tv"
    android:layout_marginLeft = "8dip"
    android:layout_gravity = "center_vertical"    />
</LinearLayout>
```

这个 xml 实现了一个左图右字的布局,接下来写一个类 MyLayout 继承 LinearLayout,导入刚刚的布局,并且设置需要的方法,从而使得能在代码中控制这个自定义控件内容的显示。代码如下:

```
// import 略
public class MyLayout extends LinearLayout {

    private ImageView iv;
    private TextView tv;

    public MyLayout(Context context) {
        this(context, null);
    }
    public MyLayout(Context context, AttributeSet attrs) {
        super(context, attrs);
        // 导入布局
        LayoutInflater.from(context).inflate(R.layout.mylayout, this, true);
        iv = (ImageView) findViewById(R.id.iv);
        tv = (TextView) findViewById(R.id.tv);
    }
    /**
     * 设置图片资源
     */
    public void setImageResource(int resId) {
        iv.setImageResource(resId);
    }
    /**
     * 设置显示的文字
     */
    public void setTextViewText(String text) {
        tv.setText(text);
    }
}
```

然后，我们在需要使用这个自定义控件的 layout 时加入这个控件，只需要在 xml 中加入即可：

```xml
<?xml version="1.0" encoding="utf-8"?>
<LinearLayout xmlns:android="http://schemas.android.com/apk/res/android"
    android:orientation="vertical"
    android:layout_width="fill_parent"
    android:layout_height="fill_parent">
    <com.char2.MyLayout
        android:id="@+id/my_button"
        android:layout_height="wrap_content"
        android:layout_width="wrap_content"
        android:background="@drawable/button_gray"/>
</LinearLayout>
```

最后，在 activity 中设置该控件的内容，部分代码如下：

```
MyLayout myLayout = (MyLayout)findViewById(R.id.my_button);
myLayout.setImageResource(R.drawable.close);
myLayout.setTextViewText("关闭");
```

效果如图 2-18 所示。

图 2-18　多个控件的组合

这样，一个带文字和图片的组合按钮控件就完成了。使用还是非常简单的。下面再看一个例子，自定义一个控件，显示带有边框的字。新建一个类继承 TextView，然后重写它的 onDraw 方法，部分代码如下：

```
private Canvas canvas = new Canvas();

    public MyTextView(Context context, AttributeSet attrs) {
        super(context, attrs);
    }
    @Override
    protected void onDraw(Canvas canvas) {
        super.onDraw(canvas);
```

```
    this.canvas = canvas;
    Rect rec = canvas.getClipBounds();
    Paint paint = new Paint();
    paint.setColor(Color.WHITE);
    paint.setStyle(Paint.Style.STROKE);
    paint.setStrokeWidth(2);
    canvas.drawRect(rec, paint);
}
```

然后,在需要使用这个自定义控件的 layout 中加入这控件:

```
<? xml version = "1.0" encoding = "utf-8"? >
<RelativeLayout xmlns:android = "http://schemas.android.com/apk/res/android"
    android:layout_width = "fill_parent"
    android:layout_height = "fill_parent">
    <com.char2.MyTextView
        android:layout_centerInParent = "true"
        android:id = "@ + id/my_button"
        android:layout_height = "wrap_content"
        android:layout_width = "wrap_content"
        android:text = "自定义控件"
        android:textSize = "24sp"/>
</RelativeLayout>
```

效果如图 2-19 所示。可以看到,带有边框的字已经实现了。

图 2-19 重写控件 onDraw 方法

2.3 简单明了的消息提示框(Toast)和对话框(Dialog)

2.3.1 Toast 提示

很多时候,我们需要对用户提供一些提示信息。比如,用户登入应用程序时,提示用户"应用程序需要更新";当用户在输入框输入文本时,提示用户"最多能输入 30 个字符"。这些需求,Toast 轻松就能满足。

Toast 是 Android 提供的"快显讯息"类,使用起来非常简单,只需要简单的代码就能实现。

```
Toast.makeText(Context context, CharSequence text, int duration).show();
```

这里有 3 个参数,第一个为当前的 Context;第二个为要显示的提示信息;第三个则为提示信息显示的时间周期,Toast 中有两个静态常量 LENGTH_LONG 和 LENGTH_SHORT。当然如果已经把提示信息存入了资源文件中,则也可以用以下的代码来实现:

```
Toast.makeText(Context context, int resId, int duration).show();
```

其他参数不变,只是第二个参数改成了资源 ID。

在一个叫 ToastActivity 的 Activity 中写一个简单的 Toast 提示来看看它的效果吧。

```
Toast.makeText(ToastActivity.this,
 "使用 Toast 提示", Toast.LENGTH_LONG).show();
```

效果如图 2-20 所示。

图 2-20 Toast 的使用

2.3.2 Dialog 提示

Toast 的使用无疑是很方便的,但是有些时候,其并不能满足我们的需求。因为我们可能并不仅仅满足于给用户提示一些信息,而是希望提示一些信息之后,用户可以有更多自己的选择。比如,当用户单击"退出"按钮的时候,我们给用户提示"是否真的选择退出",因为有可能"退出"按钮是用户不小心单击到的,当用户再单击"确定"时,则真的退出应用;如果用户单击"取消"则返回应用。这样的话,Toast 就不能满足于这样的需求了,于是 Dialog 对话框就呼之欲出了。

在 Android 中实现对话框可以使用 AlertDialog.Builder 类,也可以自定义对话框,下面分别通过一个例子来加以说明。

1. 使用 AlertDialog.Builder 类创建对话框

在使用这种方式创建对话框之前,我们先来了解一下 AlertDialog.Builder 中几个常用的方法。

```
setTitile(); // 给对话框设置 title
```

```
setIcon();    // 给对话框设置图标
setMessage();    // 给对话框设置提示信息
setPositiveButton();    // 给对话框添加"YES"按钮
setNeutralButton();    // 给对话框添加"NO"按钮
```

下面创建一个对话框,弹出一个标题为"提示信息",信息内容为"确定退出吗",并有一个"确定"按钮和一个"取消"按钮,并为"确定"按钮添加事件监听,代码如下:

```
new AlertDialog.Builder(this).setTitle("提示信息").
        setMessage("确定退出吗").
        setPositiveButton("确定", new DialogInterface.OnClickListener() {
            @Override
            public void onClick(DialogInterface dialog, int which) {
                finish();
            }
        }).
        setNegativeButton("取消", null).
        show();
```

效果如图 2-21 所示。

图 2-21 AlertDialog 的使用

虽然没有对"取消"按钮添加事件监听,但在这个对话框中单击"取消"按钮时,对话框一样会被关闭,这是因为 setNegativeButton()默认就会关闭对话框。

2. 自定义对话框

很多时候需要根据需求自己设计对话框。下面以一个例子来看看自定义对话框是如何实现的。

首先,新建一个布局文件 dialog.xml,并在其中定义好对话框:

```
<?xml version = "1.0" encoding = "utf-8"?>
<RelativeLayout
    xmlns:android = "http://schemas.android.com/apk/res/android"
```

```xml
        android:layout_width = "wrap_content"
        android:layout_height = "wrap_content">
    <ImageView
            android:id = "@+id/bg_pic"
            android:layout_width = "260dp"
            android:layout_height = "150dp"
            android:layout_centerHorizontal = "true"
            android:background = "@drawable/dialog_bg"/>
    <ImageView
            android:id = "@+id/close_view"
            android:layout_width = "wrap_content"
            android:layout_height = "wrap_content"
            android:layout_alignRight = "@id/bg_pic"
            android:background = "@drawable/close"/>
    <TextView
            android:layout_width = "wrap_content"
            android:layout_height = "wrap_content"
            android:text = "自定义 Dialog"
            android:textColor = "@android:color/black"
            android:layout_centerInParent = "true"/>
</RelativeLayout>
```

这个对话框中定义了一个 Button 及一个 TextView。接下来,定义一个 MyDialog 继承自 Dialog。

```java
// import 略
public class MyDialog extends Dialog{

    private LayoutInflater factory;

    public MyDialog(Activity act) {
        super(act);
        factory = LayoutInflater.from(act);
    }
    @Override
    protected void onCreate(Bundle savedInstanceState) {
        super.onCreate(savedInstanceState);
        setContentView(factory.inflate(R.layout.dialog, null));
    }
}
```

然后,在一个 Activity 的 onCreate 方法中来看看效果:

```java
new MyDialog(this).show();
```

效果如图 2-22 所示。

图 2-22　自定义 Dialog 的使用

好像并没有达到我们想要的效果,上面多出来一块,而且外面也有边框。这是因为这些都是 Dialog 默认的格式,如果不需要,则需要添加我们自己的样式,在 values 目录下新建一个 styles.xml 样式文件,输入内容如下:

```
<?xml version="1.0" encoding="utf-8"?>
<resources>
    <style name="mydialog" parent="@android:style/Theme.Dialog">
        <item name="android:windowNoTitle">true</item>
        <item name="android:windowBackground">@android:color/transparent</item>
    </style>
</resources>
```

在这个样式中,第一个属性把 Dialog 设置为无 title;第二个属性就是把边框设为透明,然后修改 MyDialog 的构造方法如下所示:

```
public MyDialog(Activity act) {
    super(act, R.style.mydialog);
    factory = LayoutInflater.from(act);
}
```

效果如图 2-23 所示。

同样的,也可以在 MyDialog 中监听 Diglog 中组件的各种事件进行相应的处理,例如,当单击"X"图标时关闭该 Dialog:

```
ImageView closeView = (ImageView) findViewById(R.id.close_view);
closeView.setOnClickListener(new View.OnClickListener() {

    @Override
    public void onClick(View v) {
```

```
            MyDialog.this.dismiss();
        }
    });
```

图 2-23 自定义 Dialog 中使用样式

2.4 Menu 键的呼唤——Menu 菜单

使用 Android 手机的读者应该对手机的"Menu"键都不陌生吧。它使用起来方便、快捷,不需要占用应用的界面,正因为它的这些特性,我们现在有很多的应用都使用了 Menu 菜单键。

Menu 菜单有好几种类型,它们各有各的展现形式,分别使用在不同的场合,下面逐一介绍。

1. 普通的 Menu(选项菜单)

这是平时使用最多、也是最常见的菜单,就是当用户单击设备上的菜单按键时弹出的菜单。它最多只能显示 6 个,超过 6 个则第六个自动显示"更多"选项来展开显示。它的创建也很简单,在 Activity 中覆盖 onCreateOptionsMenu(Menu menu)方法。

```
@Override
public boolean onCreateOptionsMenu(Menu menu) {
    menu.add(0, 1, 1, "添加");
    menu.add(0, 2, 2, "删除");
    return super.onCreateOptionsMenu(menu);
}
```

在 Menu 的 add 方法中有 4 个参数:

第一个 int 类型的 group ID 参数代表的是组概念,可以将几个菜单项归为一组,以便更好地以组的方式管理菜单按钮。

第二个 int 类型的 item ID 参数代表的是项目编号。这个参数非常重要，一个 item ID 对应一个 menu 中的选项。在后面使用菜单的时候，就靠这个 item ID 来判断你使用的是哪个选项。

第三个 int 类型的 order ID 参数，代表的是菜单项的显示顺序。默认是 0，表示菜单的显示顺序就是按照 add 的显示顺序来显示。

第四个 String 类型的 title 参数，表示选项中显示的文字。

按下 Menu 键后效果如图 2-24 所示。

图 2-24 普通 Menu 的使用

当然，也可以给每一个菜单项设置单独的图标：

```
menu.add(0, 1, 1, "添加").setIcon(R.drawable.add_no);
menu.add(0, 2, 2, "删除").setIcon(R.drawable.reduce_no);
```

效果如图 2-25 所示。

图 2-25 Menu 添加图标

这样就有了"添加"和"删除"两个菜单选项。如果要添加单击事件，则要覆盖 onOptionsItemSelected(MenuItem item) 方法。

```
@Override
public boolean onOptionsItemSelected(MenuItem item) {
    if(item.getItemId() == 1){
        Toast t = Toast.makeText(this, "你选的是添加菜单", Toast.LENGTH_SHORT);
        t.show();
    } else if(item.getItemId() == 2){
        Toast t = Toast.makeText(this, "你选的是删除菜单", Toast.LENGTH_SHORT);
```

```
        t.show();
    }
    return true;
}
```

2. SubMenu(子菜单)

如果刚才介绍的 Menu 为第一级按钮，SubMenu 就是第二级按钮，它是将相同功能的分组进行多级显示的菜单。

SubMenu 的使用也同样简单，在第一段代码 onCreateOptionsMenu(Menu menu)方法中加入几句，成下面这样：

```
@Override
public boolean onCreateOptionsMenu(Menu menu) {
    menu.add(0, 1, 1, "添加");
    menu.add(0, 2, 2, "删除");
    SubMenu subMenu = menu.addSubMenu(0, 3, 3, "修改");
    subMenu.add(1, 4, 1, "用户名修改");
    subMenu.add(1, 5, 2, "密码修改");
    return true;
}
```

单击"修改"后就会出现子菜单，有两个子选项，分别是"用户名修改"和"密码修改"，效果如图 2-26 所示。

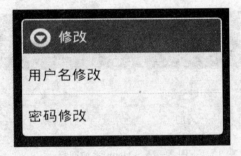

图 2-26 子菜单的使用

3. Context Menu(上下文菜单)

Context Menu 类似于计算机上的右键，长按某个 View 之后弹出来的菜单。这里举个简单的例子加以说明。

首先在布局文件中定义一个按钮：

```
<?xml version="1.0" encoding="utf-8"?>
<RelativeLayout xmlns:android="http://schemas.android.com/apk/res/android"
    android:layout_width="fill_parent"
```

```
        android:layout_height = "fill_parent">
        <Button
            android:id = "@ + id/test"
            android:layout_centerInParent = "true"
            android:layout_width = "wrap_content"
            android:layout_height = "wrap_content"
            android:text = "我的按钮"/>
</RelativeLayout>
```

然后在该 Activity 的 onCreate 方法里对这两个按钮进行注册,代码如下:

```
private Button myButton;

@Override
public void onCreate(Bundle savedInstanceState) {
    super.onCreate(savedInstanceState);
    setContentView(R.layout.main);
    myButton = (Button) findViewById(R.id.my_button1);
    registerForContextMenu(myButton);
}
```

注册好了之后就可以覆盖 onCreateContextMenu 方法,在这方法中实现 b1 和 b2 两个按钮的长按事件,代码如下:

```
@Override
public void onCreateContextMenu(ContextMenu menu, View v,
            ContextMenuInfo menuInfo) {
    if(v == myButton){
                Toast.makeText(DialogActivity.this,"长按事件",Toast.LENGTH_SHORT).show();
        }
    super.onCreateContextMenu(menu, v, menuInfo);
}
```

长按按钮效果如图 2-27 所示。

图 2-27　上下文菜单的使用

我们使用的主要就是以上3种菜单,它们各有各的特点,应用在不同的场合。其实很多时候,并不是通过"硬编码"来创建菜单的,而是采用 xml 文件的方式。这种方式可以使代码和文件分离开来,使代码整个看上去更加清晰。创建起来也相当方便、快捷。下面也举一个简单的例子加以说明。

首先要在 res/目录下建一个文件夹,名为 menu,接着在该文件夹下建一个名为 menu_xml_file.xml 的 xml 文件,代码如下:

```xml
<?xml version="1.0" encoding="utf-8"?>
<menu xmlns:android="http://schemas.android.com/apk/res/android">
    <group android:id="@+id/grout_main">
    <item android:id="@+id/menu_1"
        android:title="Menu1"/>
    <item android:id="@+id/menu_2"
        android:title=" Menu2" />
    </group>
</menu>
```

在 Activity 中覆盖 onCreateOptionsMenu(Menu menu)方法,代码如下:

```java
@Override
public boolean onCreateOptionsMenu(Menu menu) {
    MenuInflater inflater = getMenuInflater();
    inflater.inflate(R.menu.menu_xml_file, menu);
    return true;
}
```

这样 Menu 菜单就创建好了,效果如图 2-28 所示。

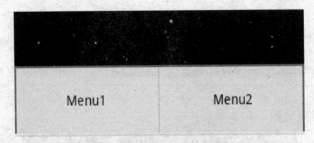

图 2-28 xml 文件创建菜单

和之前一样,也可以通过 ID 监听它们的单击事件。

第 3 章
界面 UI 的基石—UI 布局

上一章学习了 Android 中的常用组件及一些 UI 编程的技术,在此基础上,我们就可以将这些组件有效地组织起来,构成一个美观、合理的界面。

本章先详细说明 Android 中 UI 的几种布局,通过这几种布局就能将组件有效组合到一起。然后说明在 Android 开发中如何应用样式和主题,通过样式和主题可以预定义一系列的属性值,使整个应用程序形成统一的显示风格。

3.1 用户界面的基本单元—View 视图

在 Android SDK 中,View(视图)类是视图类的一个超类。View 代表了用户界面组件的一块可绘制的空间块。每一个 View 在屏幕上占据一个长方形区域。在这个区域内,这个 View 对象负责图形绘制和事件处理。每一个 View 都有一个用于绘图的画布,这个画布可以进行任意扩展。在游戏开发中也可以自定义 View,这样画布的功能更能满足开发的需要。在 Android SDK 开发中,任何一个自定义的 View 都只需要重写 onDraw()方法来实现界面显示。自定义的 View 可以是复杂的 3D 实现,也可以是非常简单的文本形式等。

下面以一个为图片添加边框的例子来看看 View 是如何工作的吧。

首先,定义一个 MyImageView 继承自 ImageView:

```
// import 略
public class MyImageView extends ImageView{

    private int color;
    private int borderwidth;
    public Canvas canvas = new Canvas();
    public int status = 0;
```

```java
    public MyImageView(Context context) {
        super(context);
    }
    public MyImageView(Context context, AttributeSet attrs,
            int defStyle) {
        super(context, attrs, defStyle);
    }
    public MyImageView(Context context, AttributeSet attrs) {

        super(context, attrs);
    }
    // 设置颜色
    public void setColour(int color){
        this.color = color;
    }


    // 设置边框宽度
    public void setBorderWidth(int width){
        borderwidth = width;
    }
    @Override
    protected void onDraw(Canvas canvas) {
        super.onDraw(canvas);
        this.canvas = canvas;
        // 画边框
        Rect rec = canvas.getClipBounds();
        rec.bottom--;
        rec.right--;
        Paint paint = new Paint();
        // 设置边框颜色
        paint.setColor(color);
        paint.setStyle(Paint.Style.STROKE);
        // 设置边框宽度
        paint.setStrokeWidth(borderwidth);
        canvas.drawRect(rec, paint);
    }
}
```

接着，在布局文件中添加 MyImageView。

```xml
<?xml version="1.0" encoding="utf-8"?>
<RelativeLayout
    xmlns:android="http://schemas.android.com/apk/res/android"
```

```
    android:orientation = "vertical"
    android:layout_width = "match_parent"
    android:layout_height = "match_parent">
    <com.chapter2.MyImageView
        android:id = "@ + id/my_image"
        android:layout_centerHorizontal = "true"
        android:layout_width = "wrap_content"
        android:layout_height = "wrap_content"
        android:background = "@drawable/ball"/>
</RelativeLayout>
```

然后,在 Activity 中定义 MyImageView,并为它设定边框宽度和颜色。

```
MyImageView image = (MyImageView)findViewById(R.id.my_image);
image.setBorderWidth(5);
image.setColour(Color.WHITE);
```

运行程序,效果如图 3-1 所示。

图 3-1 为图片添加边框

可以看到,我们已经为这张图片添加好了边框。

这个例子自定义了一个继承自 ImageView 的 View,并重写了 onDraw()方法,在 onDraw()方法中对界面进行了重新的绘制,其中关于 Canvas 及 Paint 的使用,后续的章节中会有介绍。

Android 应用开发精解

> **经验分享：**
>
> 我们在写布局文件的时候，第一行需要加入：
>
> xmlns:android="http://schemas.android.com/apk/res/android"
>
> 这个是 xml 的命名空间，有了它，就可以以 alt＋/作为提示，提示你输入什么，不该输入什么，什么是对的，什么是错的，也可以理解为语法文件，或者语法判断器。

3.2 百花齐放—各种 Layout 布局

3.2.1 Layout 布局的简单介绍

一般的，一个 Android 视图中会有很多控件。为了界面的合理、美观，需要让它们按照我们设计好的思路排列在界面上，那么，就需要容器来存放这些控件，并控制它们的位置排列，就像 HTML 中的 div、table 一样，Android 布局也起到了同样的作用。

Android 布局有很多种，各有各的特点，分别应用在不同的场合，而且可以嵌套使用。要根据界面设计选择合适的布局，有些时候不同的布局可以达到同样的效果，但是"层次"越少的布局执行效率越高，因此，要选择最合适的布局来尽量减少界面的"层次"。下面，我们一个个来看看这些布局。

3.2.2 线性布局(LinearLayout)

LinearLayout，也就是线性布局，是 Android 开发中最常用的布局之一，以设置的水平或垂直的属性值，来排列所有的子元素。包含在 LinearLayout 里面的控件按顺序排列成一行或者一列，类似于 Swing 里的 FlowLayout 和 Silverlight 里的 StackPanel，所有的子元素都被堆放在其他元素之后。因此一个垂直列表的每一行只会有一个元素，而不管它们有多宽。而一个水平列表将会只有一个行高(高度为最高子元素的高度加上边框高度)。LinearLayout 保持子元素之间的间隔以及互相对齐(相对一个元素的右对齐、中间对齐或者左对齐)。

android:orientation="vertical"//垂直布局
android:orientation="horizontal"//水平布局

如果是垂直排列，那么将是一个 N 行单列的结构，每一行只会有一个元素，而不论这个元素的宽度为多少;如果是水平排列,那么将是一个单行 N 列的结构。如果搭建两行两列的结构,通常的方式是先垂直排列两个元素,每一个元素里再包含一个 LinearLayout 进行水平排列。

下面以一个简单的例子来加以说明。

```xml
<? xml version = "1.0" encoding = "utf-8"? >
<LinearLayout
    xmlns:android = "http://schemas.android.com/apk/res/android"
    android:orientation = "vertical"
    android:layout_width = "match_parent"
    android:layout_height = "match_parent">
    <TextView
        android:layout_width = "wrap_content"
        android:layout_height = "wrap_content"
        android:text = "textview1"/>
    <TextView
        android:layout_width = "wrap_content"
        android:layout_height = "wrap_content"
        android:text = "textview2"/>
    <TextView
        android:layout_width = "wrap_content"
        android:layout_height = "wrap_content"
        android:text = "textview3"/>
</LinearLayout>
```

效果如图 3-2 所示。

图 3-2　LinearLayout 垂直布局

接着将 android:orientation = "vertical"属性改为"horizontal"来看看效果,如图 3-3 所示。

可以很明显地看到,我们将布局模式由"垂直布局"改为"水平布局"之后,控件由按行排列变成了按列来排列。

另外,LinearLayout 还支持为单独的子元素指定 weight,好处就是允许子元素

图 3-3 LinearLayout 水平布局

可以填充屏幕上的剩余空间。这也避免了在一个大屏幕中,一串小对象挤成一堆的情况,而是允许它们放大填充空白。子元素指定一个 weight 值,剩余的空间就会按这些子元素指定的 weight 比例分配给这些子元素。默认的 weight 值为 0。还是用上面"水平布局"的例子,我们给第一个文本框添加上 android:layout_weight="1"属性,效果如图 3-4 所示。

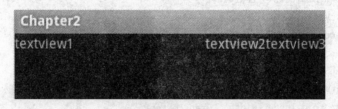

图 3-4 LinearLayout 中 layout_weight 的作用

可以看到,textview1 将 textview2 和 textview3 文本框之外的空白都填充了。

> **经验分享:**
>
> 在 LinearLayout 线性布局中,有的时候需要设置为水平居中/垂直居中,但是偶尔设置对了但是却并不起效果,这个时候就需要注意了,看它是垂直线性布局还是水平线性布局。
>
> 当垂直线性布局时,则水平居中有效;当水平线性布局时,则垂直居中有效。
>
> 如果这些都没有问题,则看看是不是高度或宽度设置有问题。
>
> 如果此时为垂直线性布局,且想设置为水平居中,android:width 的属性设置为 fill_parent 则没有效果,设置为 wrap_content 则有效,另外,通过设置 android:gravity="center_horizontal"也可以实现这样的效果,但需要注意的是,此时的 android:width 的属性需设置为 fill_parent。垂直居中亦然。

3.2.3 相对布局(RelativeLayout)

RelativeLayout,即相对布局是一种比较灵活的布局。首先 RelativeLayout 是一个容器,里边元素的位置是按照相对位置来计算的。RelativeLayout 允许子元素指定它们相对于其他元素或父元素的位置(通过 ID 指定)。因此,可以以右对齐、以左对齐,或上下,或置于屏幕中央的形式来排列两个元素。元素按顺序排列,因此如果第一个元素在屏幕的中央,那么相对于这个元素的其他元素将以屏幕中央的相对位置来排列。可能这样说还不是很好理解,以一个例子来加以说明。

```xml
<?xml version="1.0" encoding="utf-8"?>
<RelativeLayout
    xmlns:android="http://schemas.android.com/apk/res/android"
    android:orientation="vertical"
    android:layout_width="match_parent"
    android:layout_height="match_parent">
    <TextView
        android:id="@+id/name_text"
        android:layout_centerHorizontal="true"
        android:layout_width="wrap_content"
        android:layout_height="wrap_content"
        android:text="用户名"/>
    <EditText
        android:id="@+id/name_edit"
        android:layout_width="120dp"
        android:layout_height="wrap_content"
        android:layout_alignTop="@id/name_text"
        android:layout_toRightOf="@id/name_text"/>
    <TextView
        android:id="@+id/pwd_text"
        android:layout_width="wrap_content"
        android:layout_height="wrap_content"
        android:text="密码"
        android:layout_below="@id/name_text"
        android:layout_alignLeft="@id/name_text"
        android:layout_marginTop="50dp"/>
    <EditText
        android:id="@+id/pwd_edit"
        android:layout_width="120dp"
        android:layout_height="wrap_content"
        android:password="true"
        android:layout_alignTop="@id/pwd_text"
```

```
            android:layout_alignLeft = "@id/name_edit"/>
</RelativeLayout>
```

在上面的布局文件中,我们让第一个元素 name_text 相对于父元素"水平居中":

```
android:layout_centerHorizontal = "true";
```

接着让 name_edit 位于 name_text 的右边:

```
android:layout_toRightOf = "@id/name_text";
```

并与 name_text 的顶部对齐:

```
android:layout_alignTop = "@id/name_text";
```

然后让 pwd_text 位于 name_text 的下方:

```
android:layout_below = "@id/name_text";
```

为了更好地看到效果,再让它向下位移 50dp:

```
android:layout_marginTop = "50dp";
```

并让它与 name_text 左对齐:

```
android:layout_alignLeft = "@id/name_text";
```

最后是 pwd_edit,让它与 pwd_text 的顶部对齐:

```
android:layout_alignTop = "@id/pwd_text";
```

并与 name_edit 左对齐:

```
android:layout_alignLeft = "@id/name_edit"。
```

具体的效果如图 3-5 所示。

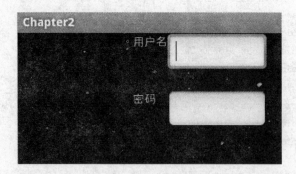

图 3-5 RelativeLayout 相对布局

第 3 章 界面 UI 的基石——UI 布局

经验分享：
出于性能上的考虑，对于相对布局的精确位置的计算只会执行一次。也就是说，如果使用 XML 来指定这个 layout，在定义它之前，被关联的元素必须定义。而且如果在这个 RelativeLayout 中有元素 a 和元素 b，要定义元素 a 在元素 b 的右边，元素 b 则需要先被定义。

另外，RelativeLayout 中有很多不同于其他布局的属性，也正是由于这些属性使得 RelativeLayout 具有很强的灵活性，应该熟练地掌握它们。

表 3-1 详细说明了相对于给定 ID 的控件的一些属性。

表 3-1 相对于给定 ID 的控件的属性

属 性	说 明
android:layout_above	将该控件的底部置于给定 ID 的控件之上
android:layout_below	将该控件的底部置于给定 ID 的控件之下
android:layout_toLeftOf	将该控件的右边缘与给定 ID 的控件左边缘对齐
android:layout_toRightOf	将该控件的左边缘与给定 ID 的控件右边缘对齐
android:layout_alignBaseline	将该控件的 baseline 与给定 ID 的 baseline 对齐
android:layout_alignTop	将该控件的顶部边缘与给定 ID 的顶部边缘对齐
android:layout_alignBottom	将该控件的底部边缘与给定 ID 的底部边缘对齐
android:layout_alignLeft	将该控件的左边缘与给定 ID 的左边缘对齐
android:layout_alignRight	将该控件的右边缘与给定 ID 的右边缘对齐

表 3-2 详细说明了相对于父组件的一些属性。

表 3-2 相对于父组件的属性

属 性	说 明
android:layout_alignParentTop	如果为 true，将该控件的顶部与其父控件的顶部对齐
android:layout_alignParentBottom	如果为 true，将该控件的底部与其父控件的底部对齐
android:layout_alignParentLeft	如果为 true，将该控件的左部与其父控件的左部对齐
android:layout_alignParentRight	如果为 true，将该控件的右部与其父控件的右部对齐
android:layout_centerHorizontal	如果为 true，将该控件的置于水平居中
android:layout_centerVertical	如果为 true，将该控件的置于垂直居中
android:layout_centerInParent	如果为 true，将该控件的置于父控件的中央

续表 3-2

属 性	说 明
android:layout_marginTop	上偏移的值
android:layout_marginBottom	下偏移的值
android:layout_marginLeft	左偏移的值
android:layout_marginRight	右偏移的值

3.2.4 框架布局(FrameLayout)

FrameLayout 是五大布局中最简单的一个布局,也称为层布局或者是帧布局。在这个布局中,整个界面被当成一块空白备用区域,所有的子元素都不能被指定放置的位置,它们统统放于这块区域的左上角,层叠式排列。此布局无法控制子控件的大小和位置,但是子控件自身可以控件其大小和位置。后一个子元素将会直接在前一个子元素之上进行覆盖填充,把它们部份或全部挡住(除非后一个子元素是透明的)。此布局通常用于游戏或者处理一些画廊程序。以一个简单的例子来说明。

```xml
<?xml version = "1.0" encoding = "utf-8"?>
<FrameLayout
    xmlns:android = "http://schemas.android.com/apk/res/android"
    android:orientation = "vertical"
    android:layout_width = "match_parent"
    android:layout_height = "match_parent">
    <TextView
        android:layout_width = "200dp"
        android:layout_height = "200dp"
        android:background = "@android:color/white"
        android:gravity = "bottom|center_horizontal"
        android:text = "text"
        android:textColor = "@android:color/black"/>
    <ImageView
        android:layout_width = "100dp"
        android:layout_height = "100dp"
        android:background = "@drawable/icon"/>\
    <Button
        android:layout_width = "wrap_content"
        android:layout_height = "wrap_content"
        android:text = "确定"/>
</FrameLayout>
```

效果如图 3-6 所示。

第 3 章 界面 UI 的基石—UI 布局

图 3-6 FrameLayout 框架布局(一)

可以看到,这些控件一个个全叠加在左上角,并且一层覆盖一层。接着通过 layout_gravity 属性来改变它们的位置再来看一下。

```
<? xml version = "1.0" encoding = "utf - 8"? >
<FrameLayout
xmlns:android = "http://schemas.android.com/apk/res/android"
    android:orientation = "vertical"
    android:layout_width = "match_parent"
    android:layout_height = "match_parent">
<TextView
    android:layout_width = "200dp"
    android:layout_height = "200dp"
    android:background = "@android:color/white"
    android:layout_gravity = "right"
    android:gravity = "bottom|center_horizontal"
    android:text = "text"
    android:textColor = "@android:color/black"/>
<ImageView
    android:layout_width = "100dp"
    android:layout_height = "100dp"
    android:layout_gravity = "center_horizontal"
    android:background = "@drawable/icon"/>
<Button
    android:layout_width = "wrap_content"
    android:layout_height = "wrap_content"
    android:layout_gravity = "center_horizontal"
    android:layout_marginTop = "20dp"
```

```
        android:text = "确定"/>
</FrameLayout>
```

效果如图 3-7 所示。

图 3-7　FrameLayout 框架布局(二)

3.2.5　表单布局(TableLayout)

TableLayout，即表单布局，以行和列的形式管理控件。每行为一个 TableRow 对象，也可以为一个 View 对象。当为 View 对象时，该对象将横跨该行所有列。举例如下：

```
<? xml version = "1.0" encoding = "utf-8"? >
<TableLayout xmlns:android = "http://schemas.android.com/apk/res/android"
    android:layout_width = "fill_parent"
    android:layout_height = "wrap_content"
    android:stretchColumns = "0,1,2"
    android:shrinkColumns = "1,2" >
    <TextView
        android:text = "TableLayout"
        android:gravity = "center"/>
    <TableRow>
        <TextView
            android:layout_column = "1"
            android:text = "姓名"
            android:gravity = "center"/>
        <TextView
            android:text = "性别"
            android:gravity = "center"/>
    </TableRow>
```

```
<TableRow>
    <TextView
        android:text = " 1 "
        android:gravity = "center"/>
    <TextView
        android:text = "zhangsan"
        android:gravity = "left"/>
    <TextView
        android:text = "男"
        android:gravity = "center"/>
</TableRow>
<TableRow>
    <TextView
        android:text = " 2 "
        android:gravity = "center"/>
    <TextView
        android:text = "lilei"
        android:gravity = "left"/>
    <TextView
        android:text = "男"
        android:gravity = "center"/>
</TableRow>
<TableRow>
    <TextView
        android:text = "3"
        android:gravity = "center"/>
    <TextView
        android:text = "hanmeimei"
        android:gravity = "left"/>
    <TextView
        android:text = "女"
        android:gravity = "center"/>
</TableRow>
</TableLayout>
```

效果如图 3-8 所示。

在 TableLayout 布局中,有几个属性是比较常用的,读者应该熟练掌握(下标都是从 0 开始):

① android:stretchColumns="0,1,2",设置 1、2、3 列为可伸展列,设置完后这些列会将剩余的空白填满;

② android:shrinkColumns="1,2",设置 2、3 列为可收缩列,设置完后这些列会

图 3-8 TableLayout 表单布局

自动延伸填充可用部分；

③ android:collapse="0"，设置第 1 列隐藏。

3.2.6 绝对布局(AbsoluteLayout)

AbsoluteLayout，即绝对布局，又称坐标布局，在布局上灵活性较大，也较复杂。另外由于各种手机屏幕尺寸的差异，给开发也带来较多困难。举例如下：

```
<?xml version="1.0" encoding="utf-8"?>
<AbsoluteLayout
    xmlns:android="http://schemas.android.com/apk/res/android"
    android:layout_width="wrap_content"
    android:layout_height="wrap_content">
    <ImageView
        android:layout_width="wrap_content"
        android:layout_height="wrap_content"
        android:src="@drawable/ball"
        android:layout_x="45px"
        android:layout_y="60px"/>
    <TextView
        android:layout_width="wrap_content"
        android:layout_height="wrap_content"
        android:text="absolutelayout"
        android:textColor="@android:color/black"
        android:layout_x="100px"
        android:layout_y="175px"/>
    <TextView
        android:layout_width="wrap_content"
        android:layout_height="wrap_content"
        android:text="absolutelayout"
        android:textColor="@android:color/black"
        android:layout_x="120px"
```

```
            android:layout_y = "195px"/>
    <TextView
            android:layout_width = "wrap_content"
            android:layout_height = "wrap_content"
            android:text = "absolutelayout"
            android:textColor = "@android:color/black"
            android:layout_x = "140px"
            android:layout_y = "215px"/>
</AbsoluteLayout>
```

效果如图 3-9 所示。

图 3-9　AbsoluteLayout 绝对布局

使用这种布局时要计算好每一个视图的大小和位置,然后再通过 android:layout_x 和 android:layout_y 属性来将它们的位置定好。

经验分享:

由于现在 Android 设备的屏幕分辨率和尺寸有着很大的差异,所以一般情况下,开发过程中已经不会用到绝对布局了,完全可以使用其他几种布局方式来实现。

如果的确需要使用绝对布局时,有以下几点需要注意:

① 坐标原点为屏幕左上角;

② 添加视图时,要精确计算每个视图的像素大小,最好先在纸上画草图,并将所有元素的像素定位计算好。

3.3 样式(Style)和主题(Theme)的使用

3.3.1 样式(Style)的使用

不管是应用开发还是游戏开发,开发出来的产品大部分时候还是要让更多的人来使用的。因此,除了功能上的完善之外,布局上的合理、美观也是需要考虑的问题。Style 和 Theme 的设计就是提升用户体验的关键之一。

Style 和 Theme 都是为了改变样式,但是二者又略有区别:
① Style 是针对窗体元素级别的,改变指定控件或者 Layout 的样式。
② Theme 是针对窗体级别的,改变窗体样式。
它们的使用非常灵活,可以添加系统中所带组件的所有属性。
下面分别来看看它们是如何使用的。
首先,在 values 目录下创建 styles.xml 文件,打开之后添加上一个样式:

```
<?xml version="1.0" encoding="utf-8"?>
<resources>
    <style name="TextView">
      <item name="android:textSize">18sp</item>
      <item name="android:textColor">#fff</item>
      <item name="android:shadowColor">#FF5151</item>
      <item name="android:shadowRadius">3.0</item>
    </style>
    <style name="TextView_Style2">
      <item name="android:textSize">24sp</item>
      <item name="android:textColor">#FF60AF</item>
      <item name="android:shadowColor">#E6CAFF</item>
      <item name="android:shadowRadius">3.0</item>
    </style>
</resources>
```

其中,android:shadowColor 是指定文本阴影的颜色,android:shadowRadius 是设置阴影的半径。设置为 0.1 就变成字体的颜色了,一般设置为 3.0 的效果比较好。
接着,在布局文件中添加两个文本框,分别用上这两个样式:

```
<?xml version="1.0" encoding="utf-8"?>
<LinearLayout
    xmlns:android="http://schemas.android.com/apk/res/android"
    android:orientation="vertical"
    android:layout_width="match_parent"
    android:layout_height="match_parent">
```

```
<TextView
    android:layout_width = "wrap_content"
    android:layout_height = "wrap_content"
    style = "@style/TextView_Style1"
    android:text = "我是样式 1"/>
<TextView
    android:layout_width = "wrap_content"
    android:layout_height = "wrap_content"
    style = "@style/TextView_Style2"
    android:text = "我是样式 2"/>
</LinearLayout>
```

效果如图 3-10 所示。

图 3-10 Style 样式的使用

可以看到,这两个文本框应用了不同的样式,所以显示了不同的效果。

3.3.2 主题(Theme)的使用

说完了 Style,下面就说说 Theme。Theme 跟 Style 差不多,从代码的角度来说是一样的,只是概念上的不同。Theme 是应用在 Application 或者 Activity 里面的,而 Style 是应用在某一个 View 里面的。以一个例子来看看 Theme 的使用。

首先在 values 目录下创建 themes.xml 文件,(当然,也可以在之前的 styles.xml 文件中直接添加)打开之后添加上一个样式:

```
<? xml version = "1.0" encoding = "utf-8"? >
<resources>
    <style parent = "@android:style/Theme" name = "MyTheme">
        <item name = "android:windowNoTitle">true</item>
        <item name = "android:windowBackground">@drawable/ball</item>
    </style>
</resources>
```

在这里,我们写了一个继承自系统默认的 Theme 的主题,里面有 2 个属性,第 1 个属性是设置无标题,第 2 个属性是设置背景图。然后,在 AndroidManifest.xml 文件中应用该主题:

```xml
<?xml version="1.0" encoding="utf-8"?>
<manifest xmlns:android="http://schemas.android.com/apk/res/android"
    package="com.chapter2"
    android:versionCode="1"
    android:versionName="1.0">
<uses-sdk android:minSdkVersion="8" />
<application android:icon="@drawable/icon" android:label="@string/app_name"
         android:theme="@style/MyTheme">
    <activity android:name=".Chapter2Activity"
          android:label="@string/app_name">
        <intent-filter>
            <action android:name="android.intent.action.MAIN" />
            <category android:name="android.intent.category.LAUNCHER" />
        </intent-filter>
    </activity>
</application>
</manifest>
```

运行的效果如图 3-11 所示。

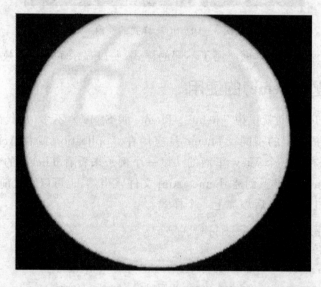

图 3-11 Theme 主题的使用

可以看到,应用的主题已经生效了。标题栏被设置为了不可见,同时也设置了背景图片。

可以将那些展现效果相同的视图设置为相同的样式或主题,提高开发的效率和代码的可读性。

第 4 章

Android 开发三大基石
—Activity、Service 和 Handler

学习 Android 开发,首先就不得不学习 Activity 和 Service 两个组件。Activity 是有界面的程序,几乎承载着用户对应用程序的所有操作。而 Service 是没有界面的程序,它是所谓的服务,也叫后台程序。掌握好它们是学习 Android 开发必不可少的环节。Handler 是 Android 开发中最常用的消息机制,几乎所有应用程序都会使用 Handler 传递消息。可以说,想要学习 Android 应用开发,就不得不学习 Activity、Service 的开发,学习如何使用 Handler 机制。本章就详细介绍如何利用它们进行 Android 开发。

4.1 应用程序的接口—Activity 窗口

Activity 是 Android 中最基本也是最为常见的组件,是 Android 的核心,是用来与用户及 Android 内部特性交互的组件,在应用程序中用到的所有 Activity 都需要在 AndroidManifest.xml 文件中进行注册。那么 Activity 是怎样一种组件,它是怎么样进行显示交互的,一个 Activity 实例是如何被管理和运行起来的,Activity 生命周期又是怎么样的?这些都是需要掌握的内容。

4.1.1 Activity 生命周期

在 Android 应用中,一个 Activity 通常就是一个单独的屏幕,一个 Activity 的生命周期也就是它所在进程的生命周期。在 Android 中,Activity 拥有 4 种基本状态:

① 活动的(Active/Running)。一个新 Activity 启动入栈后,它在屏幕最前端,处于栈的最顶端,此时它处于可见并可和用户交互的激活状态。

② 暂停(Paused)。当 Activity 被另一个透明或者 Dialog 样式的 Activity 覆盖时的状态。此时它依然与窗口管理器保持连接,系统继续维护其内部状态,所以它仍然可见,但已经失去了焦点故不可与用户交互。

③ 停止(Stopped)。当 Activity 被另外一个 Activity 覆盖、失去焦点并不可见时处于 Stopped 状态。

④ 待用(Destroyed)。被系统杀死回收或者没有被启动时处于 Destroyed 状态。

Activity 处于某一状态是由系统来完成的,我们无法控制。但是,当一个 Activity 的状态改变的时候,可以通过 onXX()方法来获取到相关的通知信息。这样,在实现 Activity 的时候,就可以通过覆盖 onXX()方法在需要的时候来调用它们,如图 4-1 所示。

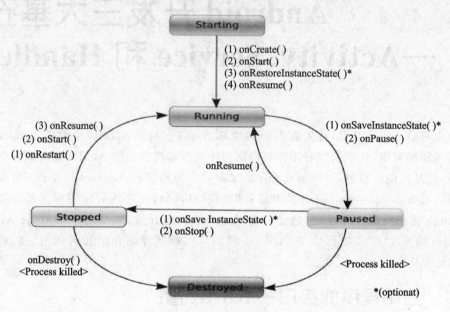

图 4-1 Activity 生命周期

Activity 的完整生命周期自第一次调用 onCreate()方法开始,直至调用 onDestroy()方法为止。Activity 的可视生命周期自 onStart()方法调用开始,直到应用的 onStop()方法调用结束。在此期间,用户可以在屏幕看见 Activity,尽管它也许并不位于前台或者也不与用户进行交互。Activity 的前台生命周期自 onResume()方法调用起,至相应的 onPause()结束。在此期间,Activity 位于前台的最上面并与用户进行交互。

经验分享:

以上所说的都是正常情况下的 Activity 的生命周期。需要注意的是,系统可能因为内存不足等原因杀死某进程,当进程被杀死以后,所有的 Activity 都会被杀死。此时,onPause()是唯一一个在进程被杀死之前必然会调用的方法,onStop() 和 onDestroy() 都有可能不被执行。

4.1.2 Activity 栈

我们是无法控制 Activity 状态的,那么 Activity 的状态又是按照何种逻辑来运作的呢？其实,Android 是通过一种 Activity 栈的方式来管理 Activity 的,一个 Activity 实例的状态决定它在栈中的位置。处于前台的 Activity 总是在栈的顶端,当前台的 Activity 因为异常或其他原因被销毁时,处于栈第二层的 Activity 将被激活,上浮到栈顶。当新的 Activity 启动入栈时,原 Activity 会被压入到栈的第二层。一个 Activity 在栈中的位置变化反映了它在不同状态间的转换。Activity 的状态与它在栈中的位置关系如图 4-2 所示。

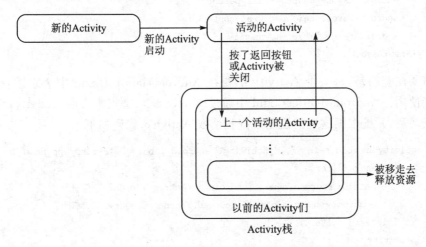

图 4-2 Activity 栈

一个应用程序的优先级是受最高优先级的 Activity 影响的。当决定某个应用程序是否要终结去释放资源时,Android 内存管理使用栈来决定基于 Activity 的应用程序的优先级。

4.1.3 Activity 的创建

在 Android 中创建一个 Activity 是很简单的事情,编写一个继承自？android. app. Activity 的类,并在？AndroidManifest. xml 文件中声明即可。下面来看一个例子,创建一个 MyActivity 类继承自 Activity,代码如下：

```
public class MyActivity extends Activity {
    @Override
    public void onCreate(Bundle savedInstanceState) {
        super.onCreate(savedInstanceState);
        setContentView(R.layout.main);
    }
}
```

这里重写了 onCreate 方法。在这个方法中，我们可以进行一些初始化的工作，其中 main 就是 layout 目录下的 main.xml 布局文件，这里在这个布局文件中定义了一个 TextView，代码如下：

```xml
<?xml version="1.0" encoding="utf-8"?>
<LinearLayout xmlns:android="http://schemas.android.com/apk/res/android"
    android:orientation="vertical"
    android:layout_width="fill_parent"
    android:layout_height="fill_parent">
    <TextView
        android:layout_width="fill_parent"
        android:layout_height="wrap_content"
        android:text="This is Activity 1"/>
</LinearLayout>
```

需要注意的是，每一个 Activity 都要在 AndroidManifest.xml 中为它进行声明后才能使用。AndroidManifest.xml 中通过 <activity> 节点来说明 Activity，将 apk 文件安装后，系统根据这里的说明来查找读取 Activity，代码如下：

```xml
<activity android:name=".MyActivity" android:label="@string/app_name">
    <intent-filter>
        <action android:name="android.intent.action.MAIN"/>
        <category android:name="android.intent.category.LAUNCHER"/>
    </intent-filter>
</activity>
```

需要说明的是，android.intent.action.MAIN 的作用是将 MyActivity 设置为主 Activity，即最先启动的 Activity；android.intent.category.LAUNCHER 的作用是决定应用程序是否显示在程序列表里。运行效果如图 4-3 所示。

图 4-3　Activity 创建

4.1.4　Activity 的 4 种加载模式

在 Android 的多个 Activity 开发中，Activity 之间的跳转可能需要有多种方式：有时是普通地生成一个新实例，有时希望跳转到原来某个 Activity 实例，而不是生成大量重复的 Activity。加载模式便是决定以哪种方式来启动一个 Activity。

在 Android 里，有 4 种 Activity 的启动模式，分别为：

① standard：标准模式，调用 startActivity() 方法后产生一个新的实例。

第4章 Android 开发三大基石——Activity、Service 和 Handler

② singleTop：如果已经有一个实例位于 Activity 栈的顶部，就不产生新的实例，而只是调用 Activity 中的 newInstance()方法。如果不位于栈顶，则产生一个新的实例。

③ singleTask：会在一个新的 task 中产生这个实例，以后每次调用都会使用这个，不会去产生新的实例了。

④ singleInstance：这个跟 singleTask 基本上一样，只有一个区别，在这个模式下的 Activity 实例所处的 task 中，只能有这个 Activity 实例，不能有其他的实例。

这些启动模式可以在 AndroidManifest.xml 文件中＜activity＞的 launchMode 属性进行设置。

相关的代码中也有一些标志可以使用，比如想只启用一个实例，则可以使用 Intent.FLAG_ACTIVITY_REORDER_TO_FRONT 标志。这个标志表示，如果这个 Activity 已经启动了，就不产生新的 Activity，而只是把这个 Activity 实例加到栈顶来就可以了，代码如下：

```
Intent intent = new Intent(ReorderFour.this, ReorderTwo.class);
intent.addFlags(Intent.FLAG_ACTIVITY_REORDER_TO_FRONT);
startActivity(intent);
```

可以看到，Activity 的加载模式受启动 Activity 的 Intent 对象中设置的 Flag、Android Manifest.xml 文件中 Activity 的＜activity＞元素的属性值交互控制，当它们之间有冲突的时候，Flag 的优先级更高。

4.1.5 Activity 交互——Activity 跳转

一般的，应用程序都不会简单到只有一个界面，而是会有很多个界面，这个时候就会创建多个 Activity，然后根据业务逻辑在多个 Activity 之间进行跳转。可以用切换 Layout 的方式进行手机页面间的转换。但是如果要转换的页面并不单单只是背景、颜色或文字内容的不同，而是需要对整个 Activity 进行置换，并将主控权交给新的 Activity，那就不是仅靠改变 Layout 就能完成了，需要在这些 Activity 中进行跳转及数据传递。

Activity 跳转实现起来也非常简单，可以使用 Intent 来实现应用程序内部的 Activity 跳转。比较常用的有两种：一种是单纯的跳转，即跳转完之后就不管跳转前的 Activity 了；另一种是跳转到下一个 Activity，并等待它的返回结果进行相关的操作。

下面以一个简单的例子来加以说明。

1. 一般的跳转

新建一个 NextActivity.java 类继承自 Activity，它的布局文件中只有一个 TextView，显示的内容为"This is Activity 2"。

假设刚刚创建的 MyActivity.java 为当前 Activity,NextActivity.java 为下一个要跳转 Activity。在 main.xml 布局文件中增加一个按钮,单击后实现从 MyActivity.java 跳转到 NextActivity.java 的效果,布局文件代码如下:

```xml
<?xml version = "1.0" encoding = "utf-8"?>
<LinearLayout xmlns:android = "http://schemas.android.com/apk/res/android"
    android:orientation = "vertical"
    android:layout_width = "fill_parent"
    android:layout_height = "fill_parent" >
<TextView
    android:layout_width = "fill_parent"
    android:layout_height = "wrap_content"
    android:text = "This is Activity 1"/>
<Button
    android:id = "@ + id/my_button"
    android:layout_width = "wrap_content"
    android:layout_height = "wrap_content"
    android:text = "跳转"/>
</LinearLayout>
```

然后,看看 MyActivity 中的代码:

```java
    private Button btn;

    @Override
    public void onCreate(Bundle savedInstanceState) {
        super.onCreate(savedInstanceState);
        setContentView(R.layout.main);
        btn = (Button)findViewById(R.id.my_button);
        btn.setOnClickListener(new View.OnClickListener() {

            @Override
            public void onClick(View v) {
                Intent intent = new Intent();
                intent.setClass(MyActivity.this, NextActivity.class);
                startActivity(intent);
            }
        });
    }
```

运行的效果如图 4-4 所示。

下面单击一下按钮。这个时候,运行出错了,错误原因是"android.content.ActivityNotFoundException",这是因为 AndroidManifest.xml 文件中没有配置 Nex-

图 4-4 Activity 跳转前

tActivity,简单配置一下：

＜activity android:name=".NextActivity" android:label="@string/app_name"/＞

现在再单击按钮后,效果如图 4-5 所示。

图 4-5 Activity 跳转后

可以看到,跳转已经成功了。

2. 跳转并返回值

可能很多时候,一般的跳转并不能满足需求。例如,我们填好一个表单,提交之后出错了,回退之后想保留之前已填的数据,这样仅仅只是简单的跳转就不能满足了。

下面看另一种跳转方式。在这个例子中,要实现从 MyActivity 跳转到 NextActivity,并当 MyActivity 接收到 NextActivity 返回来的"信息"时,MyActivity 中显示消息,MyActivity 中跳转代码如下：

```
Intent intent = new Intent();
intent.setClass(MyActivity.this, NextActivity.class);
startActivityForResult(intent, 1);
```

这样就从 MyActivity 跳转到了 NextActivity,并传入了一个请求码"1"。同时,需要在 MyActivity.java 中重写 Activity 中的 onActivityResult 方法,用于接收 NextActivity.java 中的返回码,代码如下：

```
@Override
protected void onActivityResult(int requestCode, int resultCode, Intent data){
    switch(resultCode){
    case RESULT_OK:
        // 当返回码为 RESULT_OK 时进行相关操作
```

```
            if(requestCode == 1){
                    Toast.makeText(Char4Activity.this,"返回已收到",
Toast.LENGTH_LONG).show();
            }
            break;
    }
}
```

这里需要注意的是 resultCode 相当于一个开关,当 NextActivity.java 中的开关打开时,就会进行相应的处理了。

修改 NextActivity 的 onCreate 方法:

```
@Override
protected void onCreate(Bundle savedInstanceState) {
    super.onCreate(savedInstanceState);
    setContentView(R.layout.next);
    setResult(RESULT_OK);
    finish();
}
```

效果如图 4-6 所示。

图 4-6　Activity 跳转后返回值

4.1.6　Activity 中数据传递

很多时候不单单进行 Activity 跳转,而是在进行 Activity 跳转的同时传递数据,这里就可以利用 Android.os.Bundle 对象封闭数据的能力,将所要传递的数据或参数通过 Bundle 来传递不同 Activity 间的数据。还以之前的代码为例,要实现从当前 Activity 跳转到下一个 Activity 的同时,并传入一个 double 型参数、一个 String 型参数,在 MyActivity.java 中代码如下:

```
Intent intent = new Intent();
intent.setClass(MyActivity.this, NextActivity.class);
Bundle bundle = new Bundle();
```

第4章 Android 开发三大基石—Activity、Service 和 Handler

```
double height = 1.74;
String name = "li lei";
bundle.putDouble("height", height);
bundle.putString("name",name);
intent.putExtras(bundle);
startActivity(intent);
```

有一方发送参数,就必然有一方要接收参数。它的接收实现起来也很简单,在 NextActivity.java 中代码如下:

```
Bundle bundle = NextActivity.this.getIntent().getExtras();
double height = bundle.getDouble("height");
String name = bundle.getString("name");
```

> **经验分享**:
> 　　需要注意的是,当执行 startActivityForResult 时,requestCode 值需要≥0,否则,startActivityForResult 就变成了 startActivity。另外,有这样一种情况,假设现在有两个 Activity:A 和 B。Activity A 使用 startActivityForResult 跳转到 Activity B,跟踪后发现要跳转的 Activity B 并没有被立即启动,而是直接执行了 Activity A 的 onActivityResult 方法,原因是把要启动的 Activity B 的 launchmode 设置成 singleTask 了,这个时候它会先执行 onActivityResult 方法,然后再启动 activity,所以就得不到我们想要的结果。

4.2　千变万化的服务-Service 开发

　　Service 是 Android 系统中运行在后台、不和用户交互应用组件,它和 Activity 的级别差不多,只能在后台运行。每个 Service 必须在 manifest 文件中 通过<service>来声明。

4.2.1　Service 的生命周期

　　Service 的生命周期并不像 Activity 那么复杂,它只继承了 onCreate()、onStart()、onDestroy()这 3 个方法。第一次启动 Service 的时候,先后调用 onCreate()、onStart()这两个方法;当停止 Service 的时候,则执行 onDestroy()方法。需要注意的是,如果 Service 已经启动了,再次启动 Service 时不会再执行 onCreate()方法,而是直接执行 onStart()方法。Service 的启动有 StartService 和 BindService 两种方法,

这两种方法对 Service 生命周期的影响是不一样的。

下面分别来看看这两种方法是如何影响 Service 生命周期的：

(1) StartService 启动 Service

用这种方法启动 Service，Service 会经历 onCreate 然后是 onStart，接着一直处于运行状态，直到 stopService 的时候调用 onDestroy 方法。如果是调用者自己直接退出而没有调用 stopService 的话，Service 会一直在后台运行。

(2) BindService 启动 Service

通过这种方法启动 Service，Service 会运行 onCreate，然后是调用 onBind，这个时候调用者和 Service 绑定在一起。调用者退出了，Srevice 就会调用 onUnbind→onDestroyed 方法。所谓绑定在一起就共存亡了。调用者也可以通过调用 unbindService 方法来停止服务，这时候 Srevice 就会调用 onUnbindonUnbind→onDestroyed 方法。

4.2.2 Service 的启动和停止

我们已经对 Service 的生命周期有了一定的了解，Service 的启动方式不同，它的生命周期也不相同。下面，就来看看 Service 到底是如何启动和停止的。

服务不能自己运行，需要通过调用 Context.startService() 或 Context.bindService() 方法启动服务。这两个方法都可以启动 Service，但是它们的使用场合有所不同。

① 使用 startService() 方法启用服务，调用者与服务之间没有关联，即使调用者退出了，服务仍然运行。

如果打算采用 Context.startService() 方法启动服务，在服务未被创建时，系统会先调用服务的 onCreate() 方法，接着调用 onStart() 方法。

如果调用 startService() 方法前服务已经被创建，多次调用 startService() 方法并不会导致多次创建服务，但会导致多次调用 onStart() 方法。

采用 startService() 方法启动的服务，只能调用 Context.stopService() 方法结束服务，服务结束时会调用 onDestroy() 方法。

② 使用 bindService() 方法启用服务，调用者与服务绑定在了一起，调用者一旦退出，服务也就终止，大有"不求同生，必须同死"的特点。

onBind() 只有采用 Context.bindService() 方法启动服务时才会回调该方法。该方法在调用者与服务绑定时被调用，当调用者与服务已经绑定，多次调用 Context.bindService() 方法并不会导致该方法被多次调用。

采用 Context.bindService() 方法启动服务时只能调用 onUnbind() 方法解除调用者与服务解除，服务结束时会调用 onDestroy() 方法。

第4章　Android开发三大基石—Activity、Service和Handler

4.2.3　我的服务我来用—本地服务开发

本地服务用于应用程序内部,可以启动并运行,直到有人停止了它或它自己停止。在这种方式下,它可以调用Context.startService()来启动,调用Context.stopService()来停止,也可以调用Service.stopSelf()或Service.stopSelfResult()来自己停止。不论调用了多少次startService()方法,只需要调用一次stopService()就可以停止服务。它用于实现应用程序自己的一些耗时任务,比如查询升级信息,它并不占用应用程序Activity所属线程,而只是单开线程后台执行,这样用户体验比较好。

有些服务是不需要和Activity交互就能直接运行的,而有些则需要与Activity进行交互。下面通过一些例子来加以说明。

1. 不和Activity交互的本地服务

首先,新建一个LocalService类继承自Service,代码如下:

```
// import 略
public class LocalService extends Service{

    @Override
    public IBinder onBind(Intent intent) {
        return null;
    }
    @Override
    public void onCreate() {
        super.onCreate();
    }
    @Override
    public void onDestroy() {
        super.onDestroy();
    }
    @Override
    public void onStart(Intent intent, int startId) {
        super.onStart(intent, startId);
    }
}
```

然后,新建一个类ServiceActivity继承自Actvity,代码如下:

```
// import 略
public class ServiceActivity extends Activity{

    private Button startBtn,stopBtn;
```

```java
@Override
protected void onCreate(Bundle savedInstanceState) {
    super.onCreate(savedInstanceState);
    setContentView(R.layout.localservice);
    startBtn = (Button)findViewById(R.id.start_button);
    stopBtn = (Button)findViewById(R.id.stop_button);
    startBtn.setOnClickListener(new View.OnClickListener() {
        @Override
        public void onClick(View v) {
            startService(new Intent("com.char4.LOCAL_SERVICE"));
        }
    });
    stopBtn.setOnClickListener(new View.OnClickListener() {
        @Override
        public void onClick(View v) {
            stopService(new Intent("com.char4.LOCAL_SERVICE"));
        }
    });
}
```

布局文件 localservice.xml 代码如下,它定义了两个按钮,一个用来启动 Service,一个用来停止 Service:

```xml
<?xml version = "1.0" encoding = "utf-8"?>
<LinearLayout
    xmlns:android = "http://schemas.android.com/apk/res/android"
    android:orientation = "horizontal"
    android:layout_width = "match_parent"
    android:layout_height = "match_parent">
    <Button
        android:id = "@ + id/start_button"
        android:layout_width = "wrap_content"
        android:layout_height = "wrap_content"
        android:text = "启动"/>
    <Button
        android:id = "@ + id/stop_button"
        android:layout_width = "wrap_content"
        android:layout_height = "wrap_content"
        android:text = "停止"/>
</LinearLayout>
```

第4章 Android 开发三大基石—Activity、Service 和 Handler

别忘了，在 AndroidMainfest.xml 中注册 Service：

```xml
<service android:name=".LocalService">
    <intent-filter>
        <action android:name="com.char4.LOCAL_SERVICE" />
        <category android:name="android.intent.category.default" />
    </intent-filter>
</service>
```

效果如图 4-7 所示。

Time		pid	tag	Message
05-02 13:59:01.930	V	13802	localservice	onCreate
05-02 13:59:01.930	V	13802	localservice	onStart
05-02 13:59:02.180	V	13802	localservice	onStart
05-02 13:59:02.370	V	13802	localservice	onStart
05-02 13:59:02.520	V	13802	localservice	onStart
05-02 13:59:03.540	V	13802	localservice	onDestroy

图 4-7 startService 启动顺序

通过日志打印可以发现，第一次单击"启动"按钮时调用 onCreate 和 onStart 方法，在没有单击"停止"按钮前，无论单击多少次"启动"按钮，都只会调用 onStart。而单击"停止"按钮时则调用 onDestroy。再次单击"停止"按钮，则不进入 service 的生命周期，即不会再调用 onCreate、onStart 和 onDestroy，而 onBind 在单击"启动"和"停止"按钮时都没有调用。

2. 和 Activity 交互的本地服务

Service 是不需要与 Activity 进行交互的，再来看看与 Activity 交互的本地服务。首先，新建一个 BindLocalServide 类继承自 Serivce，代码如下：

```java
// import 略
public class BindLocalServideextends Service {

    private static final String TAG = "localservice";
    private MyBinder myBinder = new MyBinder();

    @Override
    public IBinder onBind(Intent intent) {
        return myBinder;
    }
    @Override
    public void onCreate() {
        super.onCreate();
    }
    @Override
```

```java
    public void onDestroy() {
        super.onDestroy();
    }
    @Override
    public void onStart(Intent intent, int startId) {
        super.onStart(intent, startId);
    }
    @Override
    public boolean onUnbind(Intent intent) {
        return super.onUnbind(intent);
    }

    public class MyBinder extends Binder{
        public LocalService getService(){
            return LocalService.this;
        }
    }
}
```

然后,新建一个 BindServiceActivity 类继承自 Actvity,代码如下:

```java
// import 略
public class BindServiceActivity extends Activity{

    private Button startBtn,stopBtn;
    private boolean flag;

    @Override
    protected void onCreate(Bundle savedInstanceState) {
        super.onCreate(savedInstanceState);
        setContentView(R.layout.localservice);
        startBtn = (Button)findViewById(R.id.start_button);
        stopBtn = (Button)findViewById(R.id.stop_button);
        startBtn.setOnClickListener(new View.OnClickListener() {
            @Override
            public void onClick(View v) {
                Intent intent = new Intent(BindServiceActivity.this,LocalService.class);
                bindService(intent, conn, Context.BIND_AUTO_CREATE);
            }
        });
        stopBtn.setOnClickListener(new View.OnClickListener() {
            @Override
```

```java
            public void onClick(View v) {
                if(flag == true){
                    unbindService(conn);
                    flag = false;
                }
            }
        });
    }
    private ServiceConnection conn = new ServiceConnection() {
        @Override
        public void onServiceDisconnected(ComponentName name) {

        }

        @Override
        public void onServiceConnected(ComponentName name, IBinder service) {
            MyBinder binder = (MyBinder)service;
            LocalService bindService = binder.getService();
            bindService.MyMethod();
            flag = true;
        }
    };
}
```

这里也使用之前使用过的 localservice.xml 布局文件,定义了"启动"和"停止"两个按钮。另外,别忘了在 AndroidMainfest.xml 中注册 Service:

```
<service android:name=".BindLocalServideextends "/>
```

这里可以发现 onBind 需要返回一个 IBinder 对象。也就是说,和上一例子 LocalService 不同的是:

① 添加了一个 public 内部类继承 Binder,并添加 getService 方法来返回当前的 Service 对象;

② 新建一个 IBinder 对象——new 那个 Binder 内部类;

③ onBind 方法返还那个 IBinder 对象。

打印出来的效果如图 4-8 所示。

通过日志可以发现,通过 bindService 这种方法启动服务,当服务启动后,多次启动只有第一次有效,并且与服务相绑定的 Activity"死亡"时,该服务也停止。

4.2.4 开机自启动的服务

使用某些 Android 应用的时候,可能发现安装了某个应用之后,会有一些服务也

Time		pid	tag	Message
05-02 14:48:38.080	V	15597	localservice	onCreate
05-02 14:48:38.080	V	15597	localservice	onBind
05-02 14:48:38.100	V	15597	localservice	BindService--->MyMethod()
05-02 14:48:39.510	V	15597	localservice	onUnbind
05-02 14:48:39.510	V	15597	localservice	onDestroy

图 4 - 8 onBind Service 执行顺序

随之运行。而且,有的服务每次都会随着手机开机而自动启动。下面就来看看是怎么样实现开机自启动服务的。

首先,需要来了解一下 Android 中的 BroadcastReceiver:

BroadcastReceiver 也就是"广播接收者",顾名思义,就是用来接收来自系统和应用中的广播。

在 Android 系统中,广播应用在方方面面。例如当开机完成后系统会产生一条广播,接收到这条广播就能实现开机启动服务的功能;当网络状态改变时系统会产生一条广播,接收到这条广播就能及时地做出提示和保存数据等操作;当电池电量改变时,系统会产生一条广播,接收到这条广播就能在电量低时告知用户及时保存进度等。

正是基于这样的原理,只要实现一个 BroadcastReceiver,就可以监听开机时候的广播(手机启动完成的事件 ACTION_BOOT_COMPLETED)。当收到开机"信号"时,启动相应的服务。简单举例来看看它是如何实现的。

首先,新建一个 MyReceiver 类继承自 BroadcastReceiver,代码如下:

```java
// import 略
public class MyReceiver extends BroadcastReceiver {

    private static final String POWERN_ON_ACTION = "android.intent.action.BOOT_COMPLETED";

    public void onReceive(Context context, Intent intent) {
        if (intent.getAction().equals(POWERN_ON_ACTION)) {
            startService(new Intent("com.char4.LOCAL_SERVICE"));
        }
    }
}
```

要让这个 Receiver 工作,就需要把它注册到 Android 系统上,去监听广播的 BOOT_COMPLETED intent。在 AndroidManifest.xml 中添加如下代码:

```xml
<receiver android:name=".MyReceiver" >
    <intent-filter>
```

第4章 Android 开发三大基石—Activity、Service 和 Handler

```
        <action android:name = "android.intent.action.BOOT_COMPLETED"/>
    </intent-filter>
</receiver>
```

这样重新开机以后,服务就会在系统启动完毕后自动运行了。

4.3 Android 线程间的通信—消息机制

在 Android 程序运行中,线程之间或者线程内部进行信息交互时经常会使用到消息,熟悉这些基础知识及其内部原理,将会使 Android 开发变得更加容易,从而更好地架构系统。下面就看看 Android 中的消息机制到底是怎样一回事吧。

4.3.1 消息的传递—Handler 的使用

在 Android 中,线程之间进行信息交互时经常会使用消息,那么,消息是在什么时候使用呢？它的工作原理又是怎么样的呢？

在解释这些之前,先来看下面这个 Activity:

```
// import 略
public class MainActivity extends Activity implements View.OnClickListener {

    private TextView stateText;
    private Button btn;

    @Override
    public void onCreate(Bundle savedInstanceState) {
        super.onCreate(savedInstanceState);
        setContentView(R.layout.message);
        stateText = (TextView) findViewById(R.id.my_text);
        btn = (Button) findViewById(R.id.my_btn);
        btn.setOnClickListener(this);
    }
    @Override
    public void onClick(View v) {
        new WorkThread().start();
    }
    // 工作线程
    private class WorkThread extends Thread {
        @Override
        public void run() {
            // 这里处理比较耗时的操作
            // 处理完成后改变状态
```

Android 应用开发精解

```
            stateText.setText("completed");
        }
    }
}
```

在上面这个 Activity 中，咋一看挺正常的，一个 TextView，一个 Button。但是运行后单击按钮马上就会报错：

ERROR/AndroidRuntime(3658): android.view.ViewRoot $ CalledFromWrongThreadException:
Only the original thread that created a view hierarchy can touch its views

到底是怎么回事呢？原因在于，Android 系统中的视图组件并不是线程安全的，如果要更新视图，则必须在主线程中更新，不可以在子线程中执行更新的操作。

既然这样，我们就在子线程中通知主线程，让主线程做更新操作吧。那么，如何通知主线程呢？这里需要使用到 Handler 对象。

修改上面的代码：

```java
// import 略
public class MainActivity extends Activity implements View.OnClickListener {

    private TextView stateText;
    private Button btn;

    private static final int COMPLETED = 1;

    private Handler handler = new Handler() {
        @Override
        public void handleMessage(Message msg) {
            if (msg.what == COMPLETED) {
                stateText.setText("completed");
            }
        }
    };

    @Override
    public void onCreate(Bundle savedInstanceState) {
        super.onCreate(savedInstanceState);
        setContentView(R.layout.message);
        stateText = (TextView) findViewById(R.id.my_text);
        btn = (Button) findViewById(R.id.my_btn);
        btn.setOnClickListener(this);
    }

    @Override
    public void onClick(View v) {
```

第4章 Android 开发三大基石—Activity、Service 和 Handler

```
        new WorkThread().start();
    }
    // 工作线程
    private class WorkThread extends Thread {
        @Override
        public void run() {
            // 这里处理比较耗时的操作
            Message msg = new Message();
            msg.what = COMPLETED;
            handler.sendMessage(msg);
        }
    }
}
```

通过上面这种方式就可以解决线程安全的问题,把复杂的任务处理工作交给子线程去完成,然后子线程通过 Handler 对象告知主线程,由主线程更新视图,这个过程中消息机制起着重要的作用。

4.3.2 Android 中消息机制的详细分析

下面来详细分析一下 Android 中的消息机制。

熟悉 Windows 编程的读者知道 Windows 程序是消息驱动的,并且有全局的消息循环系统。Google 参考了 Windows 的消息循环机制,也在 Android 系统中实现了消息循环机制。Android 通过 Looper、Handler 来实现消息循环机制。Android 的消息循环是针对线程的,每个线程都可以有自己的消息队列和消息循环。

Android 系统中的 Looper 负责管理线程的消息队列(MessageQueue)和消息循环(Looper)。通过 Looper.myLooper()得到当前线程的 Looper 对象,通过 Looper.getMainLooper()得到当前进程的主线程的 Looper 对象。

前面提到,Android 的消息队列和消息循环都是针对具体线程的,一个线程可以存在一个消息队列和消息循环,特定线程的消息只能分发给本线程,不能跨线程和跨进程通信。但是创建的工作线程默认是没有消息队列和消息循环的,如果想让工作线程具有消息队列和消息循环,就需要在线程中先调用 Looper.prepare()来创建消息队列,然后调用 Looper.loop()进入消息循环。例如:

```
// import 略
public class WorkThread extends Thread {
    public Handler mHandler;
    public void run() {
        Looper.prepare();
        mHandler = new Handler() {
            public void handleMessage(Message msg) {
```

            // 处理收到的消息
        }
    };
    Looper.loop();
  }
}
```

这样一来,我们创建的工作线程就具有消息处理机制了。那么,为什么前面的示例中没有看到 Looper.prepare()和 Looper.loop()的调用呢?原因在于,我们的 Activity 是一个 UI 线程,运行在主线程中,Android 系统会在 Activity 启动时为其创建一个消息队列和消息循环。

前面提到最多的是消息队列和消息循环,但是每个消息处理的地方都有 Handler 的存在,它是做什么的呢? Handler 的作用是把消息加入特定的 Looper 所管理的消息队列中,并分发和处理该消息队列中的消息。构造 Handler 的时候可以指定一个 Looper 对象,如果不指定则利用当前线程的 Looper 对象创建。

一个 Activity 中可以创建出多个工作线程,如果这些线程把其消息放入 Activity 主线程的消息队列中,那么消息就会在主线程中处理了。因为主线程一般负责视图组件的更新操作,对于不是线程安全的视图组件来说,这种方式能够很好地实现视图的更新。

那么,子线程如何把消息放入主线程的消息队列中呢? 首先,在主线程的 Looper 中创建 Handler 对象,那么当调用 Handler 的 sendMessage 方法时,系统就会调用主线程的消息队列,并且通过 handleMessage 方法来处理主线程消息队列中的消息。

下面,用一个简单的例子来加以说明。在这个例子中,我们实现了一个自动计数的功能。

新建一个 CountActivity 继承自 Activity,代码如下:

```
// import 略
public class CountActivity extends Activity{

    private TextView myText;
    private static final int START = 1;
    private int count = 0;

    private Handler handler = new Handler() {
        @Override
        public void handleMessage(Message msg) {
            if (msg.what == START) {
                myText.setText(String.valueOf(count));
                count ++ ;
                handler.sendMessageDelayed(handler.obtainMessage(START), 1000);
```
```

第4章　Android 开发三大基石——Activity、Service 和 Handler

```
            }
        }
    };
    @Override
    public void onCreate(Bundle savedInstanceState) {
        super.onCreate(savedInstanceState);
        setContentView(R.layout.count);
        myText = (TextView) findViewById(R.id.count);
        handler.sendMessage(handler.obtainMessage(START));
    }
}
```

布局文件很简单，里面只有一个 TextView，居中显示。效果如图 4-9 所示。

图 4-9　自动计数效果图

启动运行之后，可以看到，每隔一秒钟，计数器会自动加 1。

第 5 章

以数据为中心——数据存取

典型的桌面操作系统提供一种公共文件系统——任何应用软件可以使用它来存储和读取文件,该文件也可以被其他的应用软件所读取(会有一些权限控制设定)。而 Android 采用了一种不同的系统。在 Android 中,所有的应用软件数据(包括文件)为该应用软件私有。然而,Android 同样也提供了一种标准方式供应用软件将私有数据开放给其他应用软件。这一章将描述一个应用软件存储和获取数据、开放数据给其他应用软件、从其他应用软件请求数据并且开放它们的多种方式。

可供选择的存储方式有:文件存储、SQLite 数据库方式、SharedPreferences、ContentProvider(内容提供器),这些将在本章详细介绍。

5.1 文件操作

5.1.1 读写一般的文本文件

先来看 Java 语言对于文件或文件夹操作的常用 API:

```
String path = File.getPath();//相对路径
String path = File.getAbsoultePath();//绝对路径
String parentPath = File.getParent();//获得文件或文件夹的父目录
String Name = File.getName();
File.mkDir();//建立文件夹
File.createNewFile();//建立文件
File.isDirectory();//判断是文件或文件夹
File[] files = File.listFiles();//列出文件夹下的所有文件和文件夹名
File.renameTo(dest);//修改文件夹和文件名
File.delete();//删除文件夹或文件
```

在 Android 中,也常常会对 SD 卡下的文件进行操作:

```
Environment.getExternalStorageState().equals(android.os.Environment.MEDIA_MOUNT-
ED);
    // 判断 SD 卡是否插入
File skRoot = Environment.getExternalStorageDirectory();//获得 SD 卡根目录
File fileRoot = Context.getFilesDir() + "//";//获得私有根目录
```

和传统的 Java 中实现 I/O 的程序类似,Android 提供了 openFileInput 和 openFileOuput 方法读取设备上的文件。

下面看个例子代码,具体如下所示:

```
String FILE_NAME = "tempfile.tmp";//确定要操作文件的文件名
FileOutputStream fos = openFileOutput(FILE_NAME, Context.MODE_PRIVATE);//初始化
FileInputStream fis = openFileInput(FILE_NAME);//创建写入流
```

> **经验分享**:
> 默认情况下,使用 openFileOutput()方法创建的文件只能被其调用的应用使用,其他应用无法读取这个文件。如果需要在不同的应用中共享数据,可以使用 Content Provider 实现,关于 Content Provider 将在后面内容中介绍。
> Android 的文件操作要有权限:
> <uses-permission android:name = "android.permission.WRITE_EXTERNAL_STORAGE"/>

在 Android 开发中,资源文件一般放在哪里?

如果应用中需要一些额外的资源文件,例如,一些用来测试你的音乐播放器是否可以正常工作的 MP3 文件,可以将这些文件放在应用程序的/res/raw/下,如 mydatafile.mp3。那么就可以在你的应用中使用 getResources 获取资源后,以 openRawResource 方法(不带后缀的资源文件名)打开这个文件,实现代码如下所示:

```
Resources myResources = getResources();
InputStream myFile = myResources.openRawResource(R.raw.myfilename);
```

看下面这个例子,读取目录/res/raw/下的资源文件 test.txt。

```
// import 略
public class ReadTextTest extends Activity {

    public static final int REFRESH = 0x000001;
    private TextView text = null;
```

```java
@Override
public void onCreate(Bundle savedInstanceState) {
    super.onCreate(savedInstanceState);
    text = new TextView(this);
    text.setBackgroundColor(0xff000000);
    text.setTextColor(0xffffffff);
    text.setGravity(Gravity.CENTER);
    InputStreamReader inputStreamReader = null;
    InputStream inputStream = getResources().openRawResource(R.raw.test);
    try {
        inputStreamReader = new InputStreamReader(inputStream, "utf-8");
    } catch (UnsupportedEncodingException e1) {
        e1.printStackTrace();
    }
    BufferedReader reader = new BufferedReader(inputStreamReader);
    StringBuffer sb = new StringBuffer("");
    String line;
    try {
        while ((line = reader.readLine()) != null) {
            sb.append(line);
            sb.append("\n");
        }
    } catch (IOException e) {
        e.printStackTrace();
    }
    text.setText(sb.toString());
    setContentView(text);
}
```

在/res/raw/目录下新建 test.txt 文件,加入"测试读取 txt 文件"文字,保存为 UTF-8 的格式。图 5-1 为程序运行的结果。

图 5-1 读取 txt 文档的结果

5.1.2 结构性的文件——读写 XML 文件

通过上面的介绍我们就可以自由地操作 Android 中普通的文本文件了,下面介绍下 Android 中比较常用的结构性文件——XML 文件。

XML,可扩展标记语言(Extensible Markup Language),用于标记电子文件,使其具有结构性的标记语言,可以用来标记数据、定义数据类型,是一种允许用户对自己的标记语言进行定义的源语言。

Android SDK 提供了如下 package 来支持 XML 的读写:

- javax.xml　根据 XML 规范定义核心 XML 常量和功能。
- javax.xml.parsers　提供 DOM 和 SAX 方法解析 XML 文档。
- org.w3c.dom　W3C 提供的使用 DOM 方法读取 XML。
- org.xml.sax　提供核心 SAX APIs。
- org.xmlpull.v1　PULL 解析器。

后面3个包中分别是 Android 自带的3个 XML 解析器,有 PULL、SAX(Simple API for XML)、DOM 解析器。其中,PULL 与 SAX 都是以事件作为驱动导向的解析器,优点是占用内存小,处理速度快。DOM 是将整个 XML 放入内存中再解析,处理速度要稍差一些,但 DOM 也有自己的优点,可以在解析的时候适当增加节点。

在这里对这3种方法分别加以说明。

首先看看需要解析的示例 XML 文档:

```
<?xml version = "1.0" encoding = "UTF-8"?>
<persons>
    <person id = "1">
        <name>小王</name>
        <age>20</age>
    </person>
    <person id = "2">
        <name>小明</name>
        <age>30</age>
    </person>
    <person id = "3">
        <name>小丽</name>
        <age>40</age>
    </person>
</persons>
```

然后在代码中创建一个与 XML 子节点对应的模型类:

```
public class Person {
```

```java
    protected String id;
    protected String name;
    protected String age;

    public String getId() {
        return id;
    }
    public void setId(String id) {
        this.id = id;
    }
    public String getName() {
        return name;
    }
    public void setName(String name) {
        this.name = name;
    }
    public String getAge() {
        return age;
    }
    public void setAge(String age) {
        this.age = age;
    }
}
```

下面将对这个 XML 用不同的方法来解析。先来看如何采用 DOM 方式进行解析。采用 DOM 的方法读取 XML 文档的思路,这基本上与 XML 的结构是完全一样的。首先加载 XML 文档(Document),获取文档的根结点(Element),然后获取根节点中所有子节点的列表(NodeList),最后使用再获取子节点列表中的需要读取的节点。

根据以上思路,简要写个读取 XML 文件的方法如下:

① 实现 DomHandler。

```java
// import 略
public class DomHandler {

    private InputStream input;
    private List<Person> persons;
    private Person person;

    public DomHandler() {
    }
    public DomHandler(InputStream input) {
```

```java
        this.input = input;
    }
    public void setInput(InputStream input){
        this.input = input;
    }
    public List<Person> getPersons(){
        persons = new ArrayList<Person>();
        DocumentBuilder builder = null;
        Document document = null;
        try {
            // 通过Dom工厂方法建立Dom解析器
            builder = DocumentBuilderFactory.newInstance().newDocumentBuilder();
            document = builder.parse(input);
            Element element = document.getDocumentElement();
            // 取得节点<person>的节点列表
            NodeList personNodes = element.getElementsByTagName("person");
            // 节点长度
            int length = personNodes.getLength();
            for(int i = 0; i < length; i++){
                // 取得<person>的节点元素
                Element personElement = (Element)personNodes.item(i);
                person = new Person();
                // 取得<person id = "1">中的id属性值
                person.setId(personElement.getAttribute("id"));
                // 继续向下,取得子节点列表,如<name><age>等
                NodeList childnodes = personElement.getChildNodes();
                int len = childnodes.getLength();
                for(int j = 0 ; j < len ; j++){
                    // 如果子节点是一个元素节点
                    if(childnodes.item(j).getNodeType() == Node.ELEMENT_NODE){
                        // 取得节点名称
                        String nodeName = childnodes.item(j).getNodeName();
                        // 取得节点值
                        String nodeValue = childnodes.item(j).getFirstChild().getNodeValue();
                        if("name".equals(nodeName)){
                            person.setName(nodeValue);
                        }
                        if("age".equals(nodeName)){
                            person.setAge(nodeValue);
                        }
```

```
                    }
                }
                persons.add(person);
            }
            return persons;
        } catch (Exception e) {
            e.printStackTrace();
        } finally {
            document = null;
            builder = null;
        }
        return null;
    }
}
```

② 使用 DomHandler 进行解析。

```
public static List<Person> readXMLByDOM(String filePath) {
    try {
        FileInputStream fis = new FileInputStream(new File(filePath));
        DomHandler domHandler = new DomHandler(fis);
        return domHandler.getPersons();
    } catch (Exception e) {
        e.printStackTrace();
    }
    return null;
}
```

以上就是使用 DOM 方式解析 XML 文件的方法。

下面介绍如何采用 SAX 的方法对 XML 文件进行读取。SAX 采用基于事件驱动的处理方式，将 XML 文档转换成一系列的事件，由单独的事件处理器来决定如何处理。为了了解如何使用 SAX API 处理 XML 文档，这里介绍一下 SAX 所使用的基于事件驱动的处理方式。

基于事件的处理方式主要围绕着事件源以及事件处理器来工作。一个可以产生事件的对象称为事件源，而可以对事件产生响应的对象就叫事件处理器。事件源与事件处理对象是通过在事件源中的事件注册方法连接的。当事件源产生事件后，调用事件处理器相应的方法，一个事件获得处理。当在事件源调用事件处理器中特定方法的时候，会传递这个事件标志以及其响应事件的状态信息，这样事件处理器才能够根据事件信息来决定自己的行为。

在 SAX 接口中，事件源是 org.xml.sax 包中的 XMLReader，它通过 parser() 方法来开始解析 XML 文档，并根据文档的内容产生事件。而事件处理器则是 org.

xml.sax 包中的 ContentHander、DTDHander、ErrorHandler 以及 EntityResolver 这 4 个接口,它们分别处理事件源在解析 XML 文档过程中产生的不同种类的事件。而事件源 XMLReader 与这 4 个事件处理器的连接是通过在 XMLReader 中的相应事件处理器注册方法 setXXXX()来完成的,详细介绍如表 5-1 所列。

表 5-1 事件处理器介绍

处理器名称	处理事件	XMLReader 注册方法
ContentHandler	跟文档内容有关的事件 ① 文档的开始与结束 ② XML 元素的开始与结束 ③ 可忽略的实体 ④ 名称空间前缀映射的开始和结束 ⑤ 处理指令 ⑥ 字符数据和可忽略的空格	setContentHandler(ContentHandler h)
ErrorHandler	处理 XML 文档时产生的错误	setErrorHandler(ErrorHandler h)
DTDHandler	处理对文档的 DTD 进行解析时产生的事件	setDTDHandler(DTDHandler h)
EntityResolover	处理外部实体	setEntityResolover(EntityResolover h)

在开发中没有必要直接从这 4 个事件源处理器接口直接继承,因为 org.xml.sax.helper 包提供了类 DefaultHandler,其继承了这 4 个接口,在实际开发中直接从 DefaultHandler 继承并实现相关方法就可以了。

在这 4 个接口中,最重要的是 ContentHanlder 接口,下面就其中的方法加以说明,如下:

1) startDocument()

当遇到文档开始的时候,调用这个方法可以在其中做一些预处理的工作。

2) endDocument()

与遇到文档开始的方法相对应,当文档结束的时候,调用这个方法可以在其中做一些善后的工作。

3) startElement(String namespaceURI, String localName, String qName, Attributes atts)

当读到一个开始标签的时候会触发这个方法。namespaceURI 就是命名空间,localName 是不带命名空间前缀的标签名,qName 是带命名空间前缀的标签名。通过 atts 可以得到所有的属性名和相应的值。要注意的是 SAX 中一个重要的特点就是它的流式处理,当遇到一个标签的时候,它并不会记录下以前所碰到的标签,也就是说,在 startElement()方法中,所有用户知道的信息就是标签的名字和属性,至于标签的嵌套结构、上层标签的名字、是否有子元属等其他与结构相关的信息,都是不得而知的,都需要程序来完成,这使得 SAX 在编程处理上没有 DOM 来得那么方便。

4) endElement(String uri, String localName, String name)

同理，在遇到结束标签的时候调用这个方法。

5) characters(char[] ch, int start, int length)

这个方法用来处理在 XML 文件中读到的内容，第一个参数为文件的字符串内容，后面两个参数是读到的字符串在这个数组中的起始位置和长度，使用 new String(ch, start, length)就可以获取内容。

只要为 SAX 提供实现 ContentHandler 接口的类，那么该类就可以得到通知事件(实际上就是 SAX 调用了该类中的回调方法)。因为 ContentHandler 是一个接口，在使用的时候可能会有些不方便，因此，SAX 还为其制定了一个 Helper 类：DefaultHandler，它实现了 ContentHandler 接口，但是其所有的方法体都为空，实现时只需要继承这个类，然后重载相应的方法即可。

使用 SAX 解析 android.xml 的代码如下：

① 实现 DefaultHandler 接口。

```
// import 略
public class SaxHandler extends DefaultHandler {

    private List<Person> persons;
    private Person person;
    // tagName 的作用是记录解析时的上一个节点名称
    private String tagName;

    public List<Person> getPersons(){
        return persons;
    }
    /**
     * 节点处理
     */
    @Override
    public void characters(char[] ch, int start, int length) throws SAXException
    {
        String data = new String(ch, start, length);
        if("name".equals(tagName)){
            person.setName(data);
        }
        if("age".equals(tagName)){
            person.setAge(data);
        }
    }
    /**
```

```java
 * 元素结束
 */
@Override
public void endElement(String uri, String localName, String qName)
        throws SAXException {
    if("person".equals(localName)){
        persons.add(person);
        person = null;
    }
    tagName = null;
}
/**
 * 文档开始
 */
@Override
public void startDocument() throws SAXException {
    persons = new ArrayList<Person>();
}
/**
 * 元素开始
 */
@Override
public void startElement(String uri, String localName, String qName,
        Attributes attributes) throws SAXException {
    if("person".equals(localName)){
        person = new Person();
        person.setId(attributes.getValue("id"));
    }
    // 将正在解析的节点名称赋给 tagName
    tagName = localName;
}
}
}
```

② 使用 SaxHandler 进行解析。

```java
public static List<Person> readXMLBySAX(String file_path) {
    try {
        FileInputStream fis = new FileInputStream(new File(file_path));
        SAXParser parser = SAXParserFactory.newInstance().newSAXParser();
        SaxHandler saxHandler = new SaxHandler();
        parser.parse(fis, saxHandler);
        return saxHandler.getPersons();
    } catch (Exception e) {
```

```
            e.printStackTrace();
        }
        return null;
    }
```

下面继续介绍如何使用 Pull 方式实现 XML 文件的解析。

Pull 解析器是一个开源的 Java 项目，Android 系统内部解析 XML 文件均为此种方式。Pull 解析器的运行方式与 SAX 解析器相似，提供了类似的事件（开始元素和结束元素），但需要使用 parser.next()提取它们。事件将作为数值代码被发送，因此可以使用一个简单 case-switch 语句来实现。

① 实现解析类。

```java
// import 略
public class PullHandler {

    private InputStream input;
    private List<Person> persons;
    private Person person;

    public PullHandler() {
    }
    public void setInput(InputStream input) {
        this.input = input;
    }
    public PullHandler(InputStream input) {
        this.input = input;
    }
    public List<Person> getPersons() {
        try {
            XmlPullParser parser = Xml.newPullParser();
            parser.setInput(input, "UTF-8");
            int eventType = parser.getEventType();
            while (eventType != XmlPullParser.END_DOCUMENT) {
                switch (eventType) {
                case XmlPullParser.START_DOCUMENT:
                    // 表示开始文档事件
                    persons = new ArrayList<Person>();
                    break;
                case XmlPullParser.START_TAG:
                    // 开始标签
                    // parser.getName()获取节点的名称
                    String tag = parser.getName();
```

```java
                if ("person".equals(tag)) {
                    person = new Person();
                    // 取得第一个属性值
                    String id = parser.getAttributeValue(0);
                    person.setId(id);
                }
                if (null != person) {
                    if ("name".equals(tag)) {
                        // 获取下一个 text 类型的节点
                        person.setName(parser.nextText());
                    }
                    if ("age".equals(tag)) {
                        person.setAge(parser.nextText());
                    }
                }
                break;
            case XmlPullParser.END_TAG:
                // XmlPullParser.END_TAG:结束标签
                if ("person".equals(parser.getName())) {
                    persons.add(person);
                    person = null;
                }
                break;
            }
            // 继续下一个元素
            eventType = parser.next();
        }
        input.close();
        return persons;
    } catch (Exception e) {
        e.printStackTrace();
    }
    return null;
}
```

② 使用 PullHandler 进行解析。

```java
public static List<Person> readXMLByPULL(String file_path) {
    try {
        FileInputStream fis = new FileInputStream(new File(file_path));
        PullHandler pullHandler = new PullHandler(fis);
        return pullHandler.getPersons();
```

```
        } catch (Exception e) {
            e.printStackTrace();
        }
        return null;
    }
```

> **经验分享：**
>
> 　　如何在实际项目中选用 DOM、SAX 还是 PULL 方式，要根据具体的项目情况来决定。以下介绍下 3 种方式各自的优缺点及使用场合，开发者可以根据项目的具体情况做判断。
>
> 　　DOM(文档对象模型)为 XML 文档的解析定义了一组接口，解析器读入整个文档，构造一个驻留内存的树结构，代码就可以使用 DOM 接口来操组整个树结构，具体分析如下：
>
> 　　优点：整个文档树都在内存当中，便于操作；支持删除、修改、重新排列等多功能。
>
> 　　缺点：将整个文档调入内存(经常包含大量无用的节点)，浪费时间和空间。
>
> 　　使用场合：一旦解析了文档还需要多次访问这些数据，而且资源比较充足(如内存、CPU 等)。
>
> 　　为了解决 DOM 解析 XML 引起的这些问题，出现了 SAX。SAX 解析 XML 文档为事件驱动。当解析器发现元素开始、元素结束、文本、文档的开始或者结束时发送事件，在程序中编写响应这些事件的代码，其特点如下：
>
> 　　优点：不用事先调入整个文档，占用资源少。尤其在嵌入式环境中，极力推荐采用 SAX 进行解析 XML 文档。
>
> 　　缺点：不像 DOM 一样将文档长期驻留在内存，数据不是持久的，事件过后，如没有保存数据，那么数据就会丢失。
>
> 　　使用场合：机器性能有限，尤其是在嵌入式环境，如 Android，极力推荐采用 SAX 进行解析 XML 文档。
>
> 　　大多数时间使用 SAX 是比较安全的，并且 Android 提供了一种传统的 SAX 使用方法以及一个便捷的 SAX 包装器。如果 XML 文档比较小，那么 DOM 可能是一种比较简单的方法。如果 XML 文档比较大，但只需要文档的一部分，则 XML Pull 解析器可能是更为有效的方法。最后对于编写 XML，Pull 解析器包也提供了一种便捷的方法。

5.1.3 自由操作,随心所欲—序列化和反序列化

在 Android 开发中,除了经常会操作普通的文本文件和 XML 文件以外,也会经常使用序列化和反序列化的方式传递或者存取数据。

Android 序列化对象主要有两种方法,实现 Serializable 接口或者实现 Parcelable 接口。实现 Serializable 接口是 Java SE 本身就支持的,而 Parcelable 是 Android 特有的功能,效率比实现 Serializable 接口高,而且还可以用在 IPC 中。实现 Serializable 接口非常简单,声明一下就可以了,而实现 Parcelable 接口稍微复杂一些,但效率更高,推荐用这种方法提高性能。

下面就介绍使用 Parcelable 接口实现两个 Activity 之间对象的传递,这里就要用到 bundle.putParcelable 实现传递对象。

① 声明实现接口 Parcelable。

```java
// import 略
public class Person implements Parcelable{

    protected String name;
    protected String age;

    Person(String name,String age) {
        this.name = name;
        this.age = age;
    }
    Person(Parcel in) {
        name = in.readString();
        age = in.readString();
    }
    public String getName() {
        return name;
    }
    public void setName(String name) {
        this.name = name;
    }
    public String getAge() {
        return age;
    }
    public void setAge(String age) {
        this.age = age;
    }
    @Override
```

```java
    public int describeContents() {
        return 0;
    }
    /**
     * 实现 Parcelable 的方法 writeToParcel,将你的对象序列化为一个 Parcel 对象
     */
    @Override
    public void writeToParcel(Parcel dest, int flags) {
        dest.writeString(name);
        dest.writeString(age);
    }
    /**
     * 实例化静态内部对象 CREATOR 实现接口 Parcelable.Creator
     */
    public static final Creator<Person> CREATOR = new Creator<Person>() {
        public Person createFromParcel(Parcel in) {
            return new Person(in);
        }
        public Person[] newArray(int size) {
            return new Person[size];
        }
    };
}
```

② 实现 Parcel 对象序列化为对象,并将 Parcelable 放入 Bundle 中。

```java
// import 略
public class ParcelableActivity1  extends Activity {

    private Button myButton;

    @Override
    public void onCreate(Bundle savedInstanceState) {
        super.onCreate(savedInstanceState);
        myButton = new Button(this);
        myButton.setOnClickListener(new OnClickListener() {
            @Override
            public void onClick(View arg0) {
                // 创建 Person 对象
                Person benParcelable = new Person("testname","testage");
                Intent intent = new Intent();
                intent.setClass(getApplicationContext(),
                                ParcelableActivity2.class);
                Bundle bundle = new Bundle();
```

```
            // 将序列化对象放入 bundle
            bundle.putParcelable("person", benParcelable);
            intent.putExtras(bundle);
            // 启动 ParcelableActivity2 的 Activity
            startActivity(intent);
        }
    });
    setContentView(myButton);
}
```

③ 实现方法 createFromParcel，将 Parcel 对象反序列化为对象。

```
// import 略
public class ParcelableActivity2 extends Activity {
    @Override
    protected void onCreate(Bundle savedInstanceState) {
        super.onCreate(savedInstanceState);
        setContentView(R.layout.main);
        // 获取反序列化后的 Person 对象
        Person parcelable = getIntent().getParcelableExtra("person");
        // 打印输出
        System.out.println(parcelable.getName());
        System.out.println(parcelable.getAge());
    }
}
```

④ 显示结果，如图 5-2 所示。

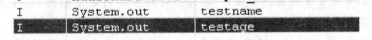

图 5-2 序列化反序列化的结果

经验分享：

除了可以利用序列化和反序列化在 Activity 之间传递 Object 类型的数据以外，也可以利用它来保存和读取数据。

和纯文本文件、XML 文件相比，序列化文件可以是二进制的文件，而不是纯文本的，不能直接阅读。所以，如果保存的数据有一定的安全性要求，而安全性的级别又不是非常高，就可以考虑使用序列化的方式进行保存，然后使用反序列化的方式读取。

5.2 通用的数据操作方式—数据库

说到数据的存取,数据库肯定是一个常用的解决方案。Android 中也有它自己的数据库,下面来看看 Android 中的数据库与一般的数据库有什么不一样的地方。

5.2.1 SQLite 数据库介绍

目前在 Android 系统中集成的是 SQLite3 版本,它支持 SQL 语句,是一个轻量级的嵌入式数据库。SQLite 支持 NULL、INTEGER、REAL、TEXT 和 BLOB 数据类型,不支持静态数据类型,而是使用列关系。可以把 SQLite 数据库近似看成一种无数据类型的数据库,可以把任何类型的资料存放在非 Integer 类型主键之外的其他字段上去(字段的长度也是没有限度的)。不过建议一定要在编写 SQL 语句的时候,按照标准的 SQL 语法,因为这样在别人看代码时候,便于更好的理解。SQLite 的官方网站是 http://www.sqlite.org/,登录该网站可以了解更多的关于 SQLite 的信息。

在 Android 开发中,一个 SQLiteDatabase 的实例代表了一个 SQLite 的数据库,通过 SQLiteDatabase 实例的一些方法,我们可以执行 SQL 语句,对数据库进行增、删、查、改的操作。需要注意的是,数据库对于一个应用来说是私有的,并且在一个应用当中,数据库的名字也是唯一的。

> **经验分享:**
>
> 数据库存储的位置在 data/data/<项目文件夹>/databases/。有的时候可能需要查看数据库中的内容,这个时候可以将其复制出来,然后使用数据库工具进行查看。
>
> 另外,文件做为一个存储的载体,大部分时候是有效的,但在某些情况下,文件存储会有问题,需要特别注意:
> ① 如果多线程数据访问是相关的。
> ② 如果应用程序处理可能变化的复杂数据结构。

5.2.2 创建并打开数据库

要对数据库进行操作,那么首先要打开一个数据库,这里要用到一个类:android.database.sqlite.SQLiteOpenHelper。它封装了如何打开一个数据库,其中当然也包含如果数据库不存在就创建这样的逻辑。

```
// import 略
public class DBOpenHelper extends SQLiteOpenHelper {

    public static final String DATABASE_NAME = "myDataBaseName";
    public static final int DATABASE_VERSION = 1 ;
    public static final String TABLE_NAME = "myTableName";

    public DBOpenHelper(Context context) {
        super (context, DATABASE_NAME, null , DATABASE_VERSION);
    }
    @Override
    public void onCreate(SQLiteDatabase db) {
        db.execSQL("CREATE TABLE " + TABLE_NAME
        + " (_id integer primary key autoincrement, name text);");
    }
    @Override
    public void onUpgrade(SQLiteDatabase db, int oldVersion, int newVersion) {
        db.execSQL("DROP TABLE IF EXISTS notes");
        onCreate(db);
    }
}
```

下面对上述代码做一些说明。

onCreate(SQLiteDatabase)：在数据库第一次生成的时候会调用这个方法，一般我们在这个方法里边生成数据库表。

onUpgrade(SQLiteDatabase, int, int)：当数据库需要升级的时候，Android 系统会主动调用这个方法。一般我们在这个方法里边删除数据表，并建立新的数据表，当然是否还需要做其他的操作，完全取决于应用的需求。

除了上述两个方法以外，还有 onOpen(SQLiteDatabase)可能也会用到，这是当打开数据库时的回调函数。

5.2.3 添加、删除和修改操作

下面具体说明如何进行添加、删除、修改的操作。下面将这些动作封装在一个类 DBHelper 中，通过这个类的几个方法，可以具体看到如何进行数据库的各种操作。

```
// import 略
public class DBHelper {

    private static final String[] COLS = new String[]{"_id","name"};
    private SQLiteDatabase db;
    private final DBOpenHelper dbOpenHelper;
```

```java
public DBHelper(final Context context) {
    this.dbOpenHelper = new DBOpenHelper(context);
    establishDb();
}
/**
 * 得到一个可写的 SQLite 数据库,如果这个数据库还没有建立,
 * 那么 DBOpenHelper 辅助类负责建立这个数据库。
 * 如果数据库已经建立,那么直接返回一个可写的数据库。
 */
private void establishDb() {
    if (this.db == null) {
        this.db = this.dbOpenHelper.getWritableDatabase();
    }
}
/**
 * 关闭数据库
 */
public void cleanup() {
    if (this.db != null) {
        this.db.close();
        this.db = null;
    }
}
/**
 * 插入一条数据
 */
public void insert(String id,String name) {
    ContentValues values = new ContentValues();
    values.put("_id", id);
    values.put("name", id);
    this.db.insert(DBOpenHelper.TABLE_NAME, null, values);
    cleanup();
}
/**
 * 更新一条数据
 */
public void update(String id,String name) {
    ContentValues values = new ContentValues();
    values.put("_id", id);
    values.put("name", id);
    this.db.update(DBOpenHelper.TABLE_NAME, values, "_id = " + id,null);
```

第5章 以数据为中心—数据存取

```
            cleanup();
        }
        /**
         * 删除一条数据
         */
        public void delete(final long id) {
            this.db.delete(DBOpenHelper.TABLE_NAME, "_id = " + id, null);
        }
        /**
         * 删除所有数据
         */
        public void deleteAll() {
            this.db.delete(DBOpenHelper.TABLE_NAME, null, null);
        }
        private void query() {
            // 得到一个可写的数据库。
            SQLiteDatabase db = dbOpenHelper.getReadableDatabase();
            // 进行数据库查询
            Cursor cur = db.query(DBOpenHelper.TABLE_NAME, COLS, null, null, null, null, null);
            if(cur != null) {
                for(cur.moveToFirst();! cur.isAfterLast();cur.moveToNext()) {
                    int idColumn = cur.getColumnIndex(COLS[0]);
                    int nameColumn = cur.getColumnIndex(COLS[1]);
                    String id = cur.getString(idColumn);
                    String name = cur.getString(nameColumn);
                }
                        cur.close();
            }
        }
    }
```

关于代码"Cursor cur = db.query(DBOpenHelper.TABLE_NAME,COLS, null,null,null,null,null);"是将查询到的数据放到一个 Cursor 当中。这个 Cursor 里边封装了这个数据表 TABLE_NAME 中的所有条列。query()方法相当有用，这里简单讲一下 query 中的参数。

第一个参数是数据库里边表的名字，比如这个例子中表的名字就是 TABLE_NAME，也就是 myTableName。

第二个参数是想要返回数据包含的列的信息。在这个例子当中想要得到的列有 id、name。把这两个列的名字放到字符串数组里边来。

第三个参数为 selection，相当于 sql 语句的 where 部分，如果想返回所有的数据,那么就直接置为 null。

第四个参数为 selectionArgs,在 selection 部分,有可能用到"?",那么在 selectionArgs 定义的字符串会代替 selection 中的"?"。

第五个参数为 groupBy,定义查询出来的数据是否分组,如果为 null 则说明不用分组。

第六个参数为 having,相当于 sql 语句当中的 having 部分。

第七个参数为 orderBy,用于描述期望的返回值是否需要排序,如果设置为 null 则说明不需要排序。

"Integer num = cur.getCount();"通过 getCount()方法,可以得到 cursor 当中数据的个数。

下面介绍 Cursor 类的一些常用方法。

5.2.4 游标的操作—使用 Cursor

在数据库中,游标是一个十分重要的概念,提供了一种对从表中检索出的数据进行操作的灵活手段。就本质而言,游标实际上是一种能从包括多条数据记录的结果集中每次提取一条记录的机制。

上一节的示例中看到了 Cursor,这就是游标。可以简单地将 Cursor 理解成指向数据库中某一行数据的对象。在 Android 中,查询数据库是通过 Cursor 类来实现的。当使用 SQLiteDatabase.query()方法时,会得到一个 Cursor 对象,Cursor 指向的就是每一条数据。它提供了很多有关查询的方法,具体方法如表 5-2 所列。

表 5-2 Cursor 的方法

方法	返回值	说明
close()	void	关闭游标,释放资源
copyStringToBuffer(int columnIndex, CharArrayBuffer buffer)	void	在缓冲区中检索请求的列的文本,将将其存储
getColumnCount()	int	返回所有列的总数
getColumnIndex(String columnName)	int	返回指定列的名称,如果不存在返回-1
getColumnIndexOrThrow(String columnName)	int	从零开始返回指定列名称,如果不存在将抛出 IllegalArgumentException 异常
getColumnName(int columnIndex)	String	从给定的索引返回列名
getColumnNames()	String[]	返回一个字符数组组的列名
getCount()	int	返回 Cursor 中的行数
moveToFirst()	boolean	移动光标到第一行
moveToLast()	boolean	移动光标到最后一行
moveToNext()	boolean	移动光标到下一行

第5章 以数据为中心—数据存取

续表 5-2

方法	返回值	说明
moveToPosition(int position)	boolean	移动光标到一个绝对的位置
moveToPrevious()	boolean	移动光标到上一行
isBeforeFirst()	boolean	返回游标是否指向之前第一行的位置
isAfterLast()	boolean	返回游标是否指向最后一行的位置
isClosed()	boolean	如果返回 true 即表示该游标已关闭

由于上一节的代码示例中已经包含了 Cursor 的简单使用的例子,这里就不再举例说明。

5.3 安全方便简单—使用 SharedPreferences

前面操作文件和数据库都相对比较复杂,需要打开、读取、关闭等操作。可能有人就想,如果只是需要存取几个简单的数据,有没有简单点的方法呢？的确,在 Android 中也封装了一种轻便的数据存取的方法—Preferences。

Preferences 是一种轻量级的数据存储机制,将一些简单数据类型的数据,包括 boolean 类型、int 类型、float 类型、long 类型以及 String 类型的数据,以键值对的形式存储在应用程序的私有 Preferences 目录(/data/data/＜包名＞/shared_prefs/)中。Preferences 只能在同一个包内使用,不能在不同的包之间使用。这种 Preferences 机制广泛应用于存储应用程序中的配置信息。

在 Android 平台上,只需要用一个 Context 的对象调用 getSharedPreferences (String name, int mode)方法传入 Preferences 文件名和打开模式,就可以获得一个 SharedPreferences 的对象。若该 Preferences 文件不存在,在提交数据后会创建该 Preferences 文件。利用 SharedPreferences 对象可以调用一些 getter 方法,传入相应的键来读取数据。要对 Preferences 文件的数据进行修改,首先利用 SharedPreferences 对象调用 edit()方法获得一个内部类 Editor 的对象,然后用这个 Editor 对象就可以对 Preferences 文件进行编辑了。注意,编译完毕后一定要调用 commit()方法,这样才会把所做的修改提交到 Preferences 文件当中去。

下面是一个将 EditText 中的文本保存下来的例子:

```
// import 略
public class PreferenceTest extends Activity {

    private EditText edit;
    private static final String TEMP_NAME = "temp_name";
```

```java
@Override
public void onCreate(Bundle savedInstanceState) {
    super.onCreate(savedInstanceState);
    edit = new EditText(this);
    // 获得 SharedPreferences 对象 只读
    SharedPreferences pre =
        getSharedPreferences(TEMP_NAME, MODE_WORLD_READABLE);
    // 读取"content"
    String content = pre.getString("content","");
    edit.setText(content);
    setContentView(edit);
}
@Override
protected void onStop() {
    super.onStop();
    // 获得 SharedPreferences.Editor 对象 可写的
    SharedPreferences.Editor editor = getSharedPreferences(TEMP_NAME,
            MODE_WORLD_WRITEABLE).edit();
    // 保存"content"
    editor.putString("content", edit.getText().toString());
    // 提交数据
    editor.commit();
}
}
```

关于方法"public SharedPreferences getSharedPreferences（String name，int mode）;"做些说明：

第一个参数是文件名称,第二个参数是操作模式。其中操作模式有 3 种：MODE_PRIVATE（私有）；MODE_WORLD_READABLE（可读）；MODE_WORLD_WRITEABLE（可写）。

可以看到,使用 Preferences 保存和读取数据非常简单。

经验分享：

　　文件可以存储在 SD 卡上,而存储在 SD 卡上的文件不会随着应用的卸载而被删除。但是 Preferences 保存的数据,如果应用被卸载了,其 Preferences 数据也就不存在了。这个是在使用 Preferences 保存数据时需要注意的。

第5章 以数据为中心—数据存取

5.4 我的数据大家用—ContentProvider、ContentResolver

在 Android 中，对数据的保护是很严密的，除了放在 SD 卡中的数据，一个应用所拥有的数据库、文件等内容，都是不允许其他应用直接访问的，但有时候沟通是必要的，不仅对第三方很重要，对应用自己也很重要。解决这个问题可以靠 ContentProvider。

一个 ContentProvider 实现了一组标准的方法接口，从而能够让其他的应用保存或读取此 ContentProvider 的各种数据类型。也就是说，一个程序可以通过实现一个 ContentProvider 的抽象接口将自己的数据暴露出去，而被别的程序看到。其他程序也可以通过 ContentProvider 读取、修改、删除数据，当然，中间也会涉及一些权限的问题。下边列举一些较常见的接口，这些接口如表 5-3 所列。

表 5-3 ContentProvider 的接口

接口	说明
query(Uri uri, String[] projection, String selection, String[] selectionArgs, String sortOrder)	通过 Uri 进行查询，返回一个 Cursor
insert(Uri url, ContentValues values)	将一组数据插入到 Uri 指定的地方
update(Uri uri, ContentValues values, String where, String[] selectionArgs)	更新 Uri 指定位置的数据
delete(Uri url, String where, String[] selectionArgs)	删除指定 Uri 并且符合一定条件的数据

经验分享：

Android 系统为一些常见的数据类型（如音乐、视频、图像、手机通信录联系人信息等），内置了一系列的 ContentProvider，这些都位于 android.provider 包下。持有特定的许可，可以在自己开发的应用程序中访问这些 Content Provider。

外界的程序通过 ContentResolver 接口可以访问 ContentProvider 提供的数据，在 Activity 中通过 getContentResolver() 可以得到当前应用的 ContentResolver 实例。

在内容的提供者（ContentProvider）和使用者（ContentResolver）中都看到一个常用的对象 Uri，这个对象类似一个地址，通常有两种，一种是指定全部数据，另一种是指定某个 ID 的数据。看下面的例子：

content://contacts/people/ 这个 Uri 指定的就是全部的联系人数据。
content://contacts/people/1 这个 Uri 指定的是 ID 为 1 的联系人的数据。

Uri 一般由 3 部分组成：
> 第一部分是"content://"。
> 第二部分是要获得数据的一个字符串片段。
> 最后就是 ID(如果没有指定 ID,那么表示返回全部)。

由于 URI 经常比较长,而且有时候容易出错,且难以理解。所以,在 Android 中定义了一些辅助类,并且定义了一些常量来代替这些长字符串的使用,例如下边的代码：

```
Uri mUri = android.provider.Contacts.People.CONTENT_URI; //联系人的 URI 实际等于：
Uri mUri = Uri.parse("content://contacts/people");
```

下面通过一个例子来看看具体是如何使用的,这里要获取出手机的联系人列表,将其显示出来,代码如下：

```
// import 略
public class ContentResolverTest extends Activity {

    // 查询 Content Provider 时希望返回的列
    private String[] columns = { ContactsContract.Contacts.DISPLAY_NAME,
            ContactsContract.Contacts._ID,};
    private Uri contactUri = ContactsContract.Contacts.CONTENT_URI;
    private TextView tv;

    @Override
    public void onCreate(Bundle savedInstanceState) {
        super.onCreate(savedInstanceState);
        tv = new TextView(this);
        String result = getQueryData();
        tv.setTextColor(Color.GREEN);
        tv.setTextSize(20.0f);
        tv.setText("ID    名字 " + result);
        setContentView(tv);
    }
    /**
     * 获取联系人列表的信息,返回 String 对象
     */
    public String getQueryData() {
        String result = "";
        // 获取 ContentResolver 对象
        ContentResolver resolver = getContentResolver();
```

第 5 章　以数据为中心—数据存取

```
        Cursor cursor = resolver.query(contactUri, columns, null, null, null);
        // 获得_ID字段的索引
        int idIndex = cursor.getColumnIndex(ContactsContract.Contacts._ID);
        // 获得Name字段的索引
        int nameIndex = cursor
                .getColumnIndex(ContactsContract.Contacts.DISPLAY_NAME);
        // 遍历Cursor提取数据
        for (cursor.moveToFirst(); ! cursor.isAfterLast(); cursor.moveToNext())
        {
            result = result + cursor.getString(idIndex) + ",";
            result = result + cursor.getString(nameIndex) + ";";
        }
        cursor.close();
        return result;
    }
}
```

> **经验分享：**
>
> 　　联系人可能保存在手机中，也可能保存在手机卡中。上述代码只是从手机中获取了联系人的列表。在实际开发中，如果有这种需求，则还需要从手机卡中获取所有联系人，并且与手机中的联系人做对比，最终得到一份完整的联系人列表。具体如何从手机卡中获取联系人，这里不做说明，读者可以从互联网查找相关资料。

> **经验分享：**
>
> 　　在Android开发中，如果需要访问硬件设备，就经常会遇到权限问题。如果在调试过程中出现类似"Android Permission denied"错误，就要看看是否用到了系统功能而没有增加相应的权限。
>
> 　　比如，上面的例子就需要添加相应的权限：
>
> ＜uses－permission android：name＝"android.permission.READ_CONTACTS"/＞
>
> ＜!－－读取联系人权限－－＞
>
> ＜uses－permission android：name＝"android.permission.WRITE_CONTACTS"/＞
>
> ＜!－－写联系人权限－－＞

·125·

第 6 章

一张白纸好作画——Canvas 画布

前面的相关章节详细说明过 Android UI 组件的使用,现在,开发者已经可以开发出令人满意的 UI 效果了。但是有的时候,需要实现更加漂亮的 UI 效果,此时可能就无法直接使用 UI 组件,而是需要自己画出各种 UI 效果了。

在 Android 中,Canvas 就是一个画布,开发者可以在画布上绘制想要的任何东西。本章介绍 Canvas 及相关的技术。

6.1 Canvas 画布简介

6.1.1 View Canvas——使用普通 View 的 Canvas 画图

从 J2ME MIDLET 时我们就知道 Java 提供了 Canvas 类,而目前在 Android 平台中,它主要任务为管理绘制过程,就像一个画布,任何绘画都将在这个画布上完成。

Canvas 类有 3 个构造方法,分别为构造一个空的 Canvas,从 Bitmap 中构造(2D)和从 GL 对象中创建(3D),具体如下:

```
Canvas();//一般使用在 View 中的 Canvas
Canvas(Bitmap bitmap);//从 2D 对象中创建
Canvas(GL gl); //从 3D 对象中创建
```

由于 Java 先天的一些问题,基于设备硬件的处理速度考虑,3D 的应用更多地需要使用 C++ 的底层库来实现,这样才能有更好的用户体验。这里重点介绍的是 Canvas 在 2D 中的功能。

先来看如何使用普通 View 的 Canvas 画图。

一般的,操作步骤如下:

① 定义一个自己的 View :class your_view extends View{}。

② 重载 View 的 onDraw 方法：protected void onDraw(Canvas canvas){}。
③ 在 onDraw 方法中定义自己的画图操作。
④ 在代码或布局文件中使用。

例如，可以实现一个带边框文字的 textview，效果如图 6-1 所示，代码片段如下所示：

```
// import 略
public class ShadeTextView extends TextView {
    public ShadeTextView(Context context, AttributeSet attrs) {
        super(context, attrs);
    }
    @Override
    public void onDraw(Canvas canvas) {
        super.onDraw(canvas);
        drawText(canvas, 0xffff0000);
        super.onDraw(canvas);
    }
    // 注：这里只做了单行的字处理
    private void drawText( Canvas canvas, int bg) {
        Paint paint = getPaint();
        // 获取 textview 的文本
        String text = String.valueOf(getText());
        // 获取第一行文字的左边距
        float startX = getLayout().getLineLeft(0);
        // 获取第一行文字的底部距离
        float startY =  getBaseline() ;
        paint.setColor(bg);
        canvas.drawText(text, startX + 1 , startY, paint);
        canvas.drawText(text, startX, startY - 1 , paint);
        canvas.drawText(text, startX, startY + 1 , paint);
        canvas.drawText(text, startX - 1 , startY, paint);
    }
}
```

在布局文件中使用：

```
<com.yourpackage.ShadeTextView
    android:layout_width = "fill_parent"
    android:layout_height = "wrap_content"
    android:text = " 测试带阴影的文字"
    android:textSize = "20sp"/>
```

这里新建了一个类 ShadeTextView，继承自 TextView 类，重写了 onDraw(Canvas canvas)方法,在这个方法里画出了边框。

测试带阴影的文字

图 6-1 带边框 TextView 的实现结果

6.1.2 Bitmap Canvas——使用普通 Bitmap 的 Canvas 画图

也可以定义自己的 Bitmap,然后生成一个属于这个 Bitmap 的 Canvas,并在其上进行需要的绘画,最终可以自由地使用这个图片。

这种方式主要用于自定义的绘制图形,以及刷新比较快的、需要进行双缓冲防止闪屏的场合。代码示例如下:

```
Bitmap b = Bitmap.createBitmap(100, 100, Bitmap.Config.ARGB_8888);
// 必须将这个 Bitmap 放入 View 的 Canvas 中,画的图才会被显示出来
Canvas c = new Canvas(b);
```

6.1.3 SurfaceView Canvas——使用 SurfaceView 的 Canvas 画图

前面看到如何使用普通 View 的 Canvas 画图和普通图片的 Canvas,Android 为方便我们使用 View 的 Canvas 进行画图还封装一个类 SurfaceView。SurfaceView 方式和 View 方式的主要区别在于:SurfaceView 中定义了一个专门的线程来完成画图工作,应用程序不需要等待 View 的刷图,提高了性能。View 的方式适合处理量比较小、帧率比较小的动画,比如说象棋游戏之类的;而 SurfaceView 方式主要用在游戏,高品质动画方面的画图。

使用 SurfaceView,一般步骤如下:

① 定义一个自己的 SurfaceView:class your_SurfaceView extends extends SurfaceView implements SurfaceHolder.Callback(){}。

② 实现 SurfaceHolder.Callback 的 3 个方法:surfaceCreated()、surfaceChanged()、surfaceDestroyed()。

③ 定义自己的专注于画图的线程:class your_thread extends Thread。

④ 重载线程的 run()函数(在 SurfaceView 的 surfaceCreated()中启动这个线程)。

下面的示例代码详细说明了线程的处理过程:

```
// import 略
public class YourViewThread extends Thread{

    // 睡眠的毫秒数
    private int sleepSpan = 100;
```

```java
// 循环标记位
private boolean flag = false;
// 游戏界面的引用
private YourSurfaceView mYourSurfaceView;
private SurfaceHolder mSurfaceHolder = null;

public YourViewThread (YourSurfaceView mYourSurfaceView, SurfaceHolder mSurfaceHolder){
    this.mYourSurfaceView = mYourSurfaceView;
    this.mSurfaceHolder = mSurfaceHolder;
}
public void run(){
    // 画布
    Canvas c;
    while(flag) {
        c = null;
        try {
            // 锁定整个画布,在内存要求比较高的情况下,建议参数不要为null
            c = mSurfaceHolder.lockCanvas(null);
            synchronized (this.mSurfaceHolder) {
                try{
                    mYourSurfaceView.onDraw(c);
                } catch(Exception e) { }
            }
        } finally {
            if (c != null) {
                // 更新屏幕显示内容
                mSurfaceHolder.unlockCanvasAndPost(c);
            }
        }
        try {
            // 睡眠 sleepSpan 毫秒
            Thread.sleep(sleepSpan);
        } catch(Exception e) { }
    }
}

public void setFlag(boolean flag) {
    // 设置循环标记
    this.flag = flag;
}
```

下面的示例代码详细说明了画图的过程：

```java
// import 略
public class YourSurfaceView extends SurfaceView
    implements SurfaceHolder.Callback{

    private YourViewThread mYourViewThread;

    public YourSurfaceView(Activity activity) {
        super(activity);
        // 将 SurfaceView 画布的句柄传给刷新线程
        mYourViewThread = new YourViewThread(this,getHolder());
        getHolder().addCallback(this);
    }


    protected void onDraw(Canvas canvas) {
        if(canvas == null) {
            return;
        }
    }


    @Override
    public boolean onTouchEvent(MotionEvent event){
        return true;
    }


    @Override
    public boolean onKeyDown(int keyCode,KeyEvent event){
        return false;
    }


    @Override
    public void surfaceChanged(SurfaceHolder holder, int format, int width,int height)
    {
        // 当画布发生变化的时候会自动调用
    }


    @Override
    public void surfaceCreated(SurfaceHolder holder) {
        // 当画布被创建的时候会自动调用
        try{
            // 启动刷新线程
```

```
            mYourViewThread.setFlag(true);
            mYourViewThread.start();
        } catch(Exception ex){
            mYourViewThread = new YourViewThread(this,getHolder());
            mYourViewThread.setFlag(true);
            mYourViewThread.start();
        }
    }

    @Override
    public void surfaceDestroyed(SurfaceHolder holder) {
        // 当画布被销毁的时候会自动调用
        boolean retry = true;
        mYourViewThread.setFlag(false);
        while (retry) {
            try {
                mYourViewThread.join();
                retry = false;
            } catch (InterruptedException e) {
            }
        }
    }
}
```

6.2 Canvas 常用绘制方法

6.1节介绍了如何创建一个画布，接下来就将要在这个画布上进行绘制。Android SDK 的 Canvas 类中包含了一系列用于绘制的方法，方法分为 3 种类型，下面简单介绍这些常用的绘制方法。

① Canvas 类的几何图形（Geometry）方面的方法用于绘制点、绘制线、绘制矩形、绘制圆弧等。其中一些主要的方法如表 6-1 所列。

表 6-1 Canvas 类的绘制几何图形的方法

方　法	返回值	说　明
drawARGB(int a, int r, int g, int b)	void	将整体填充为某种颜色
drawPoints(float[] pts, Paint paint)	void	绘制一个点
drawLines(float[] pts, Paint paint)	void	绘制一条线
drawRect(RectF rect, Paint paint)	void	绘制矩形
drawCircle(float cx, float cy, float radius, Paint paint)	void	绘制圆形

续表 6-1

方　法	返回值	说　明
drawArc(RectF oval, float startAngle, float sweepAngle, boolean useCenter, Paint paint)	void	绘制圆弧
drawPath(Path path, Paint paint)	void	按路径绘画一个形状

② Canvas 类的文本（Text）方面的方法用于直接绘制文本内容，文本通常用一个字符串来表示。其中一些主要的方法如表 6-2 所列。其中的几个重载方法都是绘制文本，只是参数不同而已。

表 6-2　Canvas 类的绘制文本内容的方法

方　法	返回值
drawText(String text, int start, int end, float x, float y, Paint paint)	void
drawText(char[] text, int index, int count, float x, float y, Paint paint)	void
drawText(String text, float x, float y, Paint paint)	void
drawText(CharSequence text, int start, int end, float x, float y, Paint paint)	void

③ Canvas 类的位图（Bitmap）方面的方法用于直接绘制位图，位图通常用一个 Bitmap 类来表示。其中一些主要的方法如表 6-3 所列。

表 6-3　Canvas 类的绘制位图的方法

方　法	返回值	说　明
drawBitmap(Bitmap bitmap, Matrix matrix, Paint paint)	void	指定 Matrix 绘制位图
drawBitmap(int[] colors, int offset, int stride, float x, float y, int width, int height, boolean hasAlpha, Paint paint)	void	指定数组作为 Bitmap 绘制
drawBitmap(Bitmap bitmap, Rect src, RectF dst, Paint paint)	void	自动缩放到目标矩形的绘制

经验分享：

　　void drawLines(float[] pts, Paint paint) // 绘制一条线
　　void drawRect(RectF rect, Paint paint) // 绘制矩形

需要特别注意的是，上面方法绘制的图形都是一个左闭右开的。
例如：绘制矩形 RectF rect，那么实际绘制的矩形是一个（rect.x, rect.y）为开始坐标，宽高为（rect.right－1, rect.bottom－1）的一个矩形。

6.3 对 Canvas 进行变换

简单的画线条、矩形、圆形都有现成的方法可以用了,现在就可以做一些比较复杂的绘制,比如旋转、缩放。

首先在 View 的 onDraw()方法里,经常看到调用 save()和 restore()方法,它们到底是干什么用的呢?

- save():用来保存 Canvas 的状态。save()之后,可以调用 Canvas 的平移、放缩、旋转、错切、裁剪等操作。
- restore():用来恢复 Canvas 之前保存的状态。防止 save()后对 Canvas 执行的操作对后续的绘制有影响。

知道如何保存和恢复 Canvas 了,那么就可以放心地对画布进行平移、放缩了。

1) translate(float dx, float dy)

用来移动 Canvas 和它的原点到不同的位置上。默认原点坐标为(0,0)。

参数:

- dx,左右偏移量(正数是向右移动),单位是像素;
- dy,上下偏移量(正数是向下移动),单位是像素。

2) rotate(float degrees)

用来以原点为中心对 Canvas 旋转。默认原点坐标为(0,0)。

3) rotate(float degrees, float px, float py)

参数:

- degrees,旋转的角度;
- px,设置旋转中心的横坐标(正数是向右移动);
- py,设置旋转中心的竖坐标(正数是向下移动)。

4) scale(float sx, float sy);

对 Canvas 自身进行缩放。

5) scale(float sx, float sy, float px, float py)

参数:

- sx,横轴缩放大小;
- sy,数轴缩放大小;
- px,设置原点的位置(正数是向左移动,与 rotate 中的 px 正好相反);
- py,设置原点的位置(正数是向上移动,与 rotate 中的 py 正好相反)。

6) 其他

clipPath(Path path)、clipRect(Rect rect,Region.Op op)、clipRegion(Region region)等类似 clipXXXX()方法。用于设置画布(Canvas)中的有效区域,在无效区域上 draw,对画布没有任何改变。

经验分享:

在对 Canvas 进行变换的操作中,save()和 restore()方法会经常使用。需要特别注意的是,save()和 restore()要配对使用(restore 可以比 save 少,但不能多),如果 restore()调用次数比 save()多,会引发 Error。save()和 restore()之间,往往夹杂的是对 Canvas 的特殊操作。

6.4 Canvas 绘制的辅助类

通过前面对 Canvas 的介绍可以看到,Canvas 可以做很多事,绘画图形、变换等,当然在手机世界里看到的远远不是简单的图形就可以表现完全的,还由颜色、字体等各种各样的元素组成,专门的工作交给专门的类来处理。下面介绍一些 Canvas 常用到的一些辅助类。

6.4.1 画笔 android.graphics.Paint

在 Canvas 绘制的辅助类中,使用频率最多的是画笔类—Paint。在 Canvas 的绘制方法中都带有一个参数,即 Paint。这个参数就是画笔,Paint 类包含样式和颜色有关如何绘制几何形状,文本和位图的信息。Canvas 是一块画布,具体的文本和位图如何显示,这就是在 Paint 类中定义了。

下面通过 Paint 类中的主要方法来了解它到底能做什么,详情如表 6-4 所列。

表 6-4 Paint 类的一些主要方法

方 法	返回值	说 明
setColor(int color)	void	设置画笔颜色
setARGB(int a, int r, int g, int b)	void	设置画笔的 A(透明度),R(红),G(绿),B(蓝),值(0x00000000～0xffffffff)。单个的值范围为 0～255
setTypeface(Typeface typeface)	Typeface	设置字体,通过 Typeface 可以加载 Android 内部的字体,一般为宋体对于中文,部分 ROM 可以自己添加,比如雅黑等
setStyle(Paint.Style style)	void	设置样式,Paint.Style.FILL 填充,或 Paint.Style.STROK 凹陷,空心效果
setStrokeWidth(float width)	void	设置边框的宽度

续表 6-4

方　法	返回值	说　明
setTextSize(float textSize)	void	设置字体大小
setTextAlign(Paint. Align align)	void	设置文本对齐方式
setShader(Shader shader)	Shader	设置阴影，Shader 类是一个矩阵对象，如果为 NULL 将清除阴影
setUnderlineText(boolean underline-Text)	void	是否设置下划线
setAntiAlias(boolean aa)	void	如果设置为 true 则去锯齿
setPathEffect(PathEffect effect)	PathEffect	设置路径效果

6.4.2　字体 android. graphics. Typeface

很多时候我们希望看到跟别的应用不同的文字效果，那么就要用到字体(Typeface)这个类，通过设置字体(Typeface setTypeface(Typeface typeface))的方法来进行设置。

在 Android 系统中，自带的只有 3 种字体，即"sans"、"serif"和"monospace"。有时候，系统自带的字体并不能满足特殊的需求，这时候就需要引用其他的字体了。可以把下载的字体文件放在 assets 目录下，再进行引用。

设置字体一般有 2 种方式：

1) 在 Android XML 文件中设置字体

```
<TextView android:text = "Hello, World! 您好"
<!-- android:typeface 用于指定字体 -->
    android:typeface = "sans"
    android:textSize = "20sp" />
```

2) 在代码中设置字体

```
TextView tv = (TextView)findViewById(R. id. your_textview_id);
// 从 assert 中获取现有资源,采用 getAserts()通过给出在 assert/下面的相对路径来获取
// 在实际使用中,字体库也可能存在于 SD 卡上,则可以采用 createFromFile()来替代
//createFromAsset
Typeface face = Typeface.createFromAsset(getAssets(),"fonts/xxx.ttf" );
tv. setTypeface(face);
```

经验分享：

① 系统自带的字体中，默认采用 sans，英文字体有差异，大部分手机设备的中文字体没有差异。同时，在很多手机设备中，设置中文字体为黑体或者粗体等是没有效果的。

② 自定义的字体不能直接在 XML 文件中进行，需要编写源代码。

③ 使用其他字库都会消耗程序的空间，这是要非常注意的。

④ Android 并非和所有的 TTF 字体都能兼容，尤其在中文特殊字体的支持会存在问题；对于不兼容的字体，Android 不会报错，只是无法正常显示。一般都会使用系统默认提供的字体。文件命名上更需要注意，文件是中文名字，会出现报错。而且这些字库有时并不能完全提供需要的文字。

举个例子，省略方式。当文字太多的时候，可以通过省略号省略后面的内容，省略号是使用"…"作为一个字体，可通过"android：ellipsize"属性进行设置。如果需要使用省略功能，需要确保字体具有省略号。此外，为了保证长度的一致，Android 会进行填充处理，除了将一个字符更换为省略符合外，后面的字符将更换为一个特殊的 Unicode 字符，"ZERO WIDTH NO－BREAK SPACE"(U＋FEFF)。这个字符并不占用任何可视的位置，但是保障了字符串具有同样的长度。不是所有的字体都支持这个特殊的字符，可能会引发一些乱码现象。

6.4.3 颜色 android．graphics．Color

有了画笔、字体，那么就可以给画笔和字体用上自己喜欢的颜色。在 Android 这个虚拟的世界中也有个类来表现色彩，那就是这里要介绍的颜色类（android．graphics．Color）。Android 的颜色是 ARGB 颜色，即 A（透明度）、R（红）、G（绿）、B（蓝）。

Android 中有几种设置界面背景及文字颜色的方法，下面由浅入深分别介绍 Android 中设置颜色的 3 种方法：

1）直接在布局文件中设置

```
<！－－设置为白色－－>
android：backgound ＝"＃FFFFFFFF"
<！－－设置为黑色－－>
android：textcolor ＝"＃000"
<！－－设置为透明－－>
android：backgound ＝"@android.R.color.transparent"
```

2）从资源文件中提取出来设置

首先把颜色提取出来形成资源，放在资源文件下面（values/drawable/color.xml）。

```xml
<?xml version="1.0" encoding="utf-8"?>
<resources>
    <drawable name="white">#FFFFFFFF</drawable>
    <drawable name="black">#FF000000</drawable>
</resources>
```

然后在布局文件中使用。

android:backgound = "@drawable/white", android:textcolor = "@drawable/black"

3）通过 java 代码来设置

```
// 设置为黑色
textView.setTextColor(getResources().getColor(android.R.color.black));
// 设置为白色
textView.setBackGound(0xFFFFFFFF);
```

> **经验分享**
>
> 从上面的例子中可以看到 android.R.color.transparent 这个颜色。这个是 Android 系统自带的颜色，常用的有 transparent（透明）、black（黑色）、white（白色）等。设置的方法参考上面的代码。
>
> 注意在 XML 文件中设置颜色的前缀必须加个"#"。
>
> 设置颜色的时候一般用 8 位十六进制数来表示（0Xffff0000 即红色），允许省略 A（透明度）（0xff000），也可以简化地写（0xf00）。也可以将十六进制的数改成其他进制的数值，一般推荐使用十六进制，这是为了代码的可读性和规范。

6.4.4 路径 android.graphics.Path

当我们的需求是一个不规则图形的时候，Canvas 的 drawRect 等方法就不行了，这里就要用到 drawPath(Path path, Paint paint)方法来按路径绘画一个形状。Canvas 还有一个方法 clipPath(Path path)，用于按照设计的路径来设置 Canvas 中的有效区域。

路径类是一个多个点和图形的集合。Path 的构造方法比较简单，如下：

```
Path path1 = new Path();    //构造方法
```

下面画一个封闭的原型路径,使用 Path 类的 addCircle 方法。

```
path1.addCircle(10,10,50,Direction.CW);
```

解释下此方法:

```
void addCircle(float x, float y, float radius, Direction dir)
```

参数 x 是 x 轴水平位置;参数 y 是 y 轴垂直位置;参数 radius 是圆形的半径;参数 dir 是绘制的方向,CW 为顺时针方向,而 CCW 是逆时针方向。

同样,也可以自由的添加一些点和线,而组成一个三角形。

```
Path path2 = new Path();
// 将路径的起始点移到 90,330
path2.moveTo(90, 330);
// 从 90,330 画一条直线到 150,330
path2.lineTo(150,330);
// 从 150,330 画一条直线到 120,270
path2.lineTo(120,270);
// 关闭当前的轮廓。这样就形成一个三角形了
path2.close();
```

结合 Canvas 类中的绘制方法 drawPath() 和 drawTextOnPath(),可以在 onDraw() 中加入如下代码:

```
// 这里 pathPaint 为路径的画笔的颜色
canvas.drawPath(path1, pathPaint);
// 将文字绘制到路径中去
canvas.drawTextOnPath("Android", path2,0,15, textPaint);
```

下面,onDraw()方法中演示了如何绘制路径。

```
@Override
protected void onDraw(Canvas canvas) {
Paint pathPaint = new Paint();
Paint textPaint = new Paint();
// 路径的画刷为红色
pathPaint.setColor(Color.Red);
// 设置 paint 的 style 为 FILL;实心
pathPaint.setStyle(Paint.Style.FILL);
// 路径上的文字为蓝色
textPaint.setColor(Color.Blue);
Path path1 = new Path();
Path path2 = new Path();
```

第 6 章　一张白纸好作画—Canvas 画布

```
// 省略部分代码

canvas.drawPath(path1, pathPaint);
// 在路径上绘制文字
canvas.drawTextOnPath("Android", path2, 0, 15, textPaint);
}
```

解释：

void drawTextOnPath（String text，Path path，float hOffset，float vOffset，Paint paint）

参数 text 为需要在路径上绘制的文字内容；参数 path，将文字绘制到哪个路径；参数 hOffset，距离路径开始的距离；参数 vOffset，离路径的上下高度，该参数类型为 float 浮点型，除了精度为 8 位小数外，可以为正或负，当为正时文字在路径的圈里面，为负时在路径的圈外面；参数 paint，最后仍然是一个 Paint 对象用于制定 Text 本文的颜色、字体、大小等属性。

有关路径类常用的其他方法如表 6-5 所列。

表 6-5　Path 类常用的其他方法

方　法	返回值	说　明
addArc(RectF oval, float startAngle, float sweepAngle)	void	为路径添加一个多边形
addCircle(float x, float y, float radius, Path.Direction dir)	void	给路径添加圆圈
addOval(RectF oval, Path.Direction dir)	void	添加椭圆形
addRect(RectF rect, Path.Direction dir)	void	添加一个区域
addRoundRect(RectF rect, float[] radii, Path.Direction dir)	void	添加一个圆角区域
isEmpty()	boolean	判断路径是否为空
transform(Matrix matrix)	void	应用矩阵变换
transform(Matrix matrix, Path dst)	void	应用矩阵变换并将结果放到新的路径中，即第二个参数

6.4.5　路径的高级效果 android.graphics.PathEffect

一条直线是否太单调了，下面看看路径的高级效果，如图 6-2 所示。这些效果其实都是使用 PathEffect 类实现的。

PathEffect 对于绘制 Path 基本图形特别有用，可以应用到任何 Paint 中从而影响线条绘制的方式。使用 PathEffect，可以改变一个基本图形的边角的风格并且控

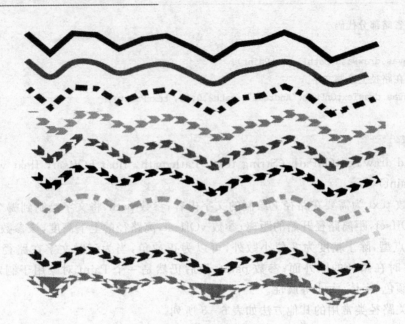

图 6-2 路径的高级效果

制轮廓的外表。SDK 附带的 ApiDemos(com.example.android.apis.graphics.PathEffects.java)示例给出了如何应用每一种效果的指导说明。图 6-2 就是 ApiDemos 中的 PathEffects 的效果图。

Android 包含了多个 PathEffect,包括:

① CornerPathEffect 可以使用圆角来代替尖锐的角,从而对基本图形的形状尖锐的边角进行平滑。

② DashPathEffect 可以使用 DashPathEffect 来创建一个虚线的轮廓(短横线/小圆点),而不是使用实线。还可以指定任意的虚/实线段的重复模式。

③ DiscretePathEffect 与 DashPathEffect 相似,但是添加了随机性。当绘制它的时候,需要指定每一段的长度和与原始路径的偏离度。

④ PathDashPathEffect 这种效果可以定义一个新的形状(路径)并将其用作原始路径的轮廓标记。复杂的效果可以在一个 Paint 中使用多个 Path Effect 组合而成的一个 PathEffect。

⑤ SumPathEffect 顺序地在一条路径中添加两种效果,这样每一种效果都可以应用到原始路径中,并且两种效果结合起来。SumPathEffect(first, second) = first(path) + second(path)。

⑥ ComposePathEffect 组合两种效果,结果为先使用第一种效果,然后在这种效果的基础上应用第二种效果。ComposePathEffect(outer, inner) = Outer(inner(path))。

⑦ DiscretePathEffect 将路径划分成指定长度的线段,然后把每条线段随机偏

移原来的位置。

对象形状的 PathEffect 的改变会影响到形状的区域,这就能够保证应用到相同形状的填充效果将会绘制到新的边界中。

上面效果图的核心代码如下:

```
// phase 指定的是虚线上虚实偏移,每次加 1,相当于交换虚处和实处的位置
// 这样通过不停的刷新就可以达到虚实不断变换给人以动画的效果
private static void makeEffects(PathEffect[] e, float phase) {
    e[0] = null;
    e[1] = new CornerPathEffect(10);
    e[2] = new DashPathEffect(new float[] {10, 5, 5, 5}, phase);
    e[3] = new PathDashPathEffect(makePathDash(), 12, phase,
                PathDashPathEffect.Style.TRANSLATE);
    e[4] = new PathDashPathEffect(makePathDash(), 12, phase,
                PathDashPathEffect.Style.ROTATE);
    e[5] = new PathDashPathEffect(makePathDash(), 12, phase,
                PathDashPathEffect.Style.MORPH);
    e[6] = new ComposePathEffect(e[2], e[1]);
    e[7] = new SumPathEffect(e[2], e[1]);
    e[8] = new ComposePathEffect(e[5], e[1]);
    e[9] = new SumPathEffect(e[5], e[1]);
}
// 制造一个形状,PathDashPathEffect 显示的单位形状
private static Path makePathDash() {
    Path p = new Path();
    p.moveTo(4, 0);
    p.lineTo(0, -4);
    p.lineTo(8, -4);
    p.lineTo(12, 0);
    p.lineTo(8, 4);
    p.lineTo(0, 4);
    return p;
}
```

6.4.6 点类 android.graphics.Point 和 android.graphics.PointF

看过了 Canvas 画出的线条,那么来看看组成线条的基础,点(Point 类)。

Point 类有两个属性,分别是:x 坐标和 y 坐标。

构造函数有 3 种:

```
Point() //构造一个点
Point(int x,int y) //传入 x 和 y 坐标构造一个点
```

Point(Point p) //传入一个 Point 对象构造一个点

主要方法如表 6-6 所列。

表 6-6 Point 类常用的方法

方法	返回值	说明
set(x,y)	void	重新设定一下 x,y 的坐标
offset(int dx,int dy)	void	给坐标一个补偿值,值可以使正的也可以是负的
negate()	void	否定坐标值

Point 类和 android. graphics. PointF 类似,不同点是前者坐标值的类型是 int 型,而后者的坐标值是 float 型。

除此之外 PointF 类多加了几个方法,比如:

public final float length();//返回(0,0)点到该点的距离
public static float length(float x,float y);//返回(0,0)点到(x,y)点的距离

经验分享:

说到坐标点,那么就不得不说下手机屏幕的坐标系,手机的坐标系和一般的物理坐标系不同,手机屏幕坐标系的原点(0,0)在屏幕的左上角,沿左沿边和上沿边,x,y 数值依次增加,如图 6-3 所示。

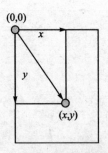

图 6-3 手机坐标点示意图

6.4.7 形状类 android. graphics. Rect 和 android. graphics. RectF

矩形是绘图上比较常用的几种形状之一。RectF 这个类包含一个矩形的 4 个单精度浮点坐标。矩形通过上、下、左、右 4 个边的坐标来表示一个矩形。这些坐标值属性可以被直接访问,用 width() 和 height() 方法可以获取矩形的宽和高。

第 6 章　一张白纸好作画—Canvas 画布

RectF 一共有 4 个构造方法：

RectF() //构造一个无参的矩形
RectF(float left,float top,float right,float bottom) //构造一个指定了 4 个参数的矩形
RectF(RectF r) //根据指定的 RectF 对象来构造一个 RectF 对象(复制一个 Rect F)
RectF(Rect r) //根据给定的 Rect 对象来构造一个 RectF 对象

RectF 提供了很多方法，下面介绍几个方法，如表 6-7 所列。

表 6-7　RectF 类常用的方法

方　法	返回值	说　明
contain(RectF r)	boolean	判断一个点或矩形是否在此矩形内，如果在这个矩形内或者和这个矩形等价则返回 true
offset(float dx, float dy)	void	平移 dx、dy 距离
offsetTo(float newLeft, float newTop)	void	平移到新的位置
inset(float dx, float dy)	void	缩小 2×dx,2×dy

经验分享：

　　Android.graphics.Rect 类同 android.graphics.RectF 很相似，不同的地方是 Rect 类的坐标是用整型表示的，而 RectF 的坐标是用单精度浮点型表示的。

　　获取 Matrix 中的 X 的缩放比例：

```
public void getValues(float[] values);
// 数组 values 是一个 size>9 的数组,values [Matrix.MSCALE_X]就为缩放比例
// 其他参数也在其中,如 Matrix
public static final int MSCALE_X = 0;
public static final int MSKEW_X  = 1;
public static final int MTRANS_X = 2;
public static final int MSKEW_Y  = 3;
public static final int MSCALE_Y = 4;
public static final int MTRANS_Y = 5;
public static final int MPERSP_0 = 6;
public static final int MPERSP_1 = 7;
public static final int MPERSP_2 = 8;
```

6.4.8 区域 android.graphics.Region 与 Region.Op

在 Canvas 的绘画时,可能碰到只需要显示半个矩形或者显示一部分图片,那么就要用到 Canvas 的设置区域的方法,有 clipRect(Rect rect, Region.Op op)、clipRegion(Region region)这两个方法。Region 表示的是一个区域,和 Rect 不同的是,它可以表示一个不规则的样子,可以是椭圆、多边形等,当然 Region 也可以表示一个矩形,而 Rect 仅仅是矩形。

同样,Region 的 boolean contains(int x, int y)成员可以判断一个点是否在该区域内。

Region.Op 是多个区域叠加的是参数的效果的参数。

```
public enum Op {
    DIFFERENCE(0),//DIFFERENCE 第一个中不同于第二个的部分显示出来
    INTERSECT(1),//INTERSECT 取两者交集,默认的方式
    UNION(2),//UNION 取全集
    XOR(3),//XOR 补集,就是全集的减去交集的剩余部分显示
    REVERSE_DIFFERENCE(4),//第二个不同于第一个的部分显示
    REPLACE(5);//REPLACE 显示第二个的
}
```

下面来解读 SDK 中的 ApiDemos(com.example.android.apis.graphics.Region.java)这个示例。效果如图 6-4 所示。

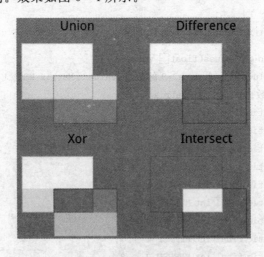

图 6-4 Region 的示例

它主要是将两个 Rect 放在同一个 Region 中,根据不同的 Region.Op 来制作出的效果图,有颜色的区域为有效区,不同的颜色表示合并后产生的不同 Rect。

核心代码如下:

```
// 定义两个 Rect(矩形)
mRect1.set(10, 10, 100, 80);
mRect2.set(50, 50, 130, 110);
// 定义一个 Region,用来保存两个 Rect 的集合
Region rgn = new Region();
// 将 mRect1 添加进 Region 中
rgn.set(mRect1);
// 将 mRect2 添加进 Region 中,注意这里的第二个参数,它就是要传进去的效果的标示
// 详细参见上面的 Region.Op 说明
rgn.op(mRect2, op);
// Region 的迭代器,可以讲一个 Region 分解成不同的 Rect,通过 iter.next(Rect r)
// 方法来把每个矩形提取出来
RegionIterator iter = new RegionIterator(rgn);
Rect r = new Rect ();
while (iter.next(r)) {
    canvas.drawRect(r, mPaint);
}
```

6.4.9 千姿百态,矩阵变换 android.graphics.Matrix

对前面的基础知识有所了解后,现在就可以来看 android.graphics.Matrix 类;该类表示一个转换矩阵,它确定如何将一个坐标空间的点映射到另一个坐标空间。通过设置 Matrix 对象的属性并将其应用于 Canvas 对象或 Bitmap 对象,我们可以对该对象执行各种图形转换。这些转换函数包括平移(x 和 y 重新定位)、旋转、缩放和倾斜,达到很炫的效果。

matrix 对象被视为具有如下内容的 3×3 的矩阵:

$$\begin{bmatrix} a & b & t_x \\ c & d & t_y \\ u & v & w \end{bmatrix}$$

在传统的转换矩阵中,u、v 和 w 属性具有其他功能。Matrix 类只能在二维空间中操作,因此始终假定属性值 u 和 v 为 0.0,属性值 w 为 1.0。换句话说,矩阵的有效值如下:

$$\begin{bmatrix} a & b & t_x \\ c & d & t_y \\ 0 & 0 & 1 \end{bmatrix}$$

可以获取和设置 Matrix 对象的全部 6 个其他属性的值:a、b、c、d、t_x 和 t_y。

Matrix 类支持 4 种主要的转换函数类型:平移、缩放、旋转和倾斜。对于这些函数中的 3 种有特定的方法,如表 6-8 中所述。

表 6-8 Matrix 类支持的 4 种主要的转换函数

方法	矩阵值	显示结果	说明
Translate(t_x, t_y)	$\begin{bmatrix} 1 & 0 & t_x \\ 0 & 0 & t_y \\ 0 & 0 & 1 \end{bmatrix}$		平移(置换)，将图像向右移动 t_x 像素，向下移动 t_y 像素
scale(s_x, s_y)	$\begin{bmatrix} s_x & 0 & 0 \\ 0 & s_y & 0 \\ 0 & 0 & 1 \end{bmatrix}$		缩放，调整图像的大小，方法是将每个像素的位置在 x 轴方向上乘以 s_x 并在 y 轴方向上乘以 s_y
rotate(q)	$\begin{bmatrix} \cos(q) & \sin(q) & 0 \\ -\sin(q) & \cos(q) & 0 \\ 0 & 0 & 1 \end{bmatrix}$		旋转，将图像旋转一个以弧度为单位的角度 q
Skew(sk_x, sk_y)	$\begin{bmatrix} 0 & sk_y & 0 \\ sk_x & 0 & 0 \\ 0 & 0 & 1 \end{bmatrix}$		倾斜，以平行于 x 轴或 y 轴的方向逐渐滑动图像。sk_x 值充当乘数，控制沿 x 轴滑动的距离；sk_y 控制沿 y 轴滑动的距离

下面的代码简单的实现了图片的倒影镜像：

```
Matrix mMatrix = new Matrix();
mMatrix.setScale(1.0f, -1.0f);
canvas.drawBitmap(mBitmap, mMatrix, null);
```

这 4 种操作的方法中，每种操作方法都有 3 种接口 setXX、preXX、postXX。setXX 将使整个 matrix 的值为设置的值。preXX 是将新的变换矩阵左乘原来的矩阵，而 postXX 是将新的变换矩阵右乘原来的变换矩阵。

经验分享：

在组合 matrix 中 preTranslate、setTranslate、postTranslate 是有很大区别的。抽象的说，pre 方法是向前"生长"，post 方法是向后"生长"，下面还是通过 2 个例子来说明：

```
matrix.preScale(0.5f, 1);
matrix.preTranslate(10, 0);
matrix.postScale(0.7f, 1);
matrix.postTranslate(15, 0);
```

则坐标变换经过的 4 个变换过程依次是：translate(10, 0)→scale(0. 5f, 1)→scale(0.7f, 1)→translate(15, 0)，所以对 matrix 方法的调用顺序是很重要的，不同的顺序往往会产生不同的变换效果。pre 方法的调用顺序和 post 方法的互不影响，即以下的方法调用和前者在真实坐标变换顺序里是一致的。

```
matrix.postScale(0.7f, 1);
matrix.preScale(0.5f, 1);
matrix.preTranslate(10, 0);
matrix.postTranslate(15, 0);
```

而 matrix 的 set 方法则会对先前的 pre 和 post 操作进行刷除，而后再设置它的值，比如下列的方法调用：

```
matrix.preScale(0.5f, 1);
matrix.postTranslate(10, 0);
matrix.setScale(1, 0.6f);
matrix.postScale(0.7f, 1);
matrix.preTranslate(15, 0);
```

其坐标变换顺序是 translate(15, 0)→scale(1, 0.6f)→scale(0.7f, 1)。

另外可以注意这个方法"Matrix.mapRect(RectF rect);"对 RectF 矩形进行变换。

矩阵一般应用在变换 view 的时候，那么很多时候需要将一些点或矩形进行转换，Android 的 Matrix 提供了很方便的方法来进行计算。下面看个例子：

```
float[] p1 = {1000f,100f};
float[] p2 = {1000f,100f};

// 下面是一个正向的过程
// 原始变换矩阵
Matrix m1 = new Matrix();
// m1 的逆矩阵
Matrix m2 = new Matrix();
Log.d("test111 ", "" + p1[0] + "," + p1[1]);
m1.postTranslate(100, 300);
m1.postScale(0.6f, 0.3f);
m1.postRotate(45.f);
// 这个过程是将 p1{1000f,100f}这个点通过了 m1 的转换，变成了一个新的点 p1，这时候
// p1 已经变成了转换后的点了
```

```
m1.mapPoints(p1);
Log.d("test222 ", "" + m1.toString());
Log.d("test333 ", "" + p1[0] + "," + p1[1]);

// 下面是一个逆向的过程
// 将 p1 经过转换的点, 赋值给 p2
p2 = p1;
Log.d("test444 ", "" + p2[0] + "," + p2[1]);
// 这里将 m1 进行了逆向, 然后存放在 m2 里
boolean temp = m1.invert(m2);
Log.d("test555 ", "" + m2.toString());
Log.d("test666 ", "" + temp);
// 这里转换过的点可以理解为转换后的点, 通过逆向矩阵 m2 得到最原始的点的位子, 并
// 存放在 p2 里
m2.mapPoints(p2);
Log.d("test777 ", "" + p2[0] + "," + p2[1]);
```

图 6-5 显示了运行的结果。

```
test111    1000.0,100.0
test222    Matrix{[0.42426407, -0.21213204, -21.2132][0.42426407, 0.21213204, 106.06602][0.0, 0.0, 1.0]}
test333    381.83768,551.5433
test444    381.83768,551.5433
test555    Matrix{[1.1785113, 1.1785113, -100.0][-2.3570225, 2.3570225, -300.0][0.0, 0.0, 1.0]}
test666    true
test777    999.99994,99.99988
```

图 6-5 矩阵逆向例子的结果

> **经验分享：**
>
> 通过上面的例子可以看到，可能在一个时候只需要用到一部分，及矩阵正向的逻辑，或矩阵逆向的逻辑。需要注意的是下面 2 个方法：
>
> ① m1.mapPoints(p1);//这个过程是将 p1{1000f,100f}这个点通过了
> //m1 的转换，变成了一个新的点 p1, 这时候 p1 已经变成了转换后的 float
> //数组了
>
> ② m1.invert(m2);//这里将 m1 进行了逆向，然后存放在 m2 里

第 7 章
实现炫酷效果——图像和动画

学完上一章相信读者对 Android 画图核心部分有了一定的了解。为了实现更加炫酷的效果,这里会在应用中使用大量的图像和动画效果。本章详细介绍 Android 中各种图像对象以及动画的使用。学习完本章,相信读者就可以独立开发出有着绚丽视觉效果的 Android 应用了。

7.1 Android 的几种常用图像类型

Android 中的图像对象主要有 android.graphics.Bitmap(位图)、android.graphics.drawable.Drawable(基于 Drawable 类扩展出各种绘图的类)和 android.graphics.drawable.Picture。

下面简单介绍一下这几种图像类型。

1) Bitmap

称作位图,一般位图的文件格式后缀为 bmp,编码器也有很多,如 RGB565、RGB8888 等。作为一种逐像素地显示对象,其执行效率高,但是缺点也很明显,那就是存储效率低。将 Bitmap 理解成一种存储对象比较好。

2) Drawable

作为 Android 中通用的图形对象,它可以装载常用格式的图像,比如 GIF、PNG、JPG 及 BMP,还提供了一些高级的可视化对象,比如渐变、图形等。

3) Picture

相对于 Drawable 和 Bitmap 而言,Picture 对象就小巧得多,它并不存储实际的像素,仅仅记录了绘制的过程。

7.2 图片的基础——Bitmap(位图)

7.2.1 如何获取位图资源

前面大概了解了几种图像类的功能,这其中,Bitmap 类是一个使用率较高的类。下面详细说明这个类。

先来看看如何获取位图资源。Bitmap 对象没有公有的构造方法,所以不能直接创建,只能通过 BitmapFactory 的几个静态方法创建。

一般的,获取位图资源有以下几种方式:

1) 图片放在 SD 卡中

```
Bitmap imageBitmap = BitmapFactory.decodeFile(path);
```

这里 path 是图片的路径,根目录是/sdcard。

2) 图片在项目的 res 文件夹下面

```
ApplicationInfo appInfo = getApplicationInfo();
int resID = getResources().getIdentifier(name, "drawablePath", appInfo.packageName);
Bitmap mBitmap = BitmapFactory.decodeResource(getResources(), resID);
```

这里是通过图片的 id,或直接通过 R 文件来获取(例如 R.drawable.bitmapName)图片的。其中,name 是该图片的名字,drawablePath 是该图片存放的目录,appInfo.packageName 是应用程序的包。

3) 图片放在 src 目录下

```
// 图片存放的路径
String path = "com/xiangmu/test.png";
// 得到图片流
InputStream is = getClassLoader().getResourceAsStream(path);
Bitmap mBitmap = BitmapFactory.decodeStream(is);
```

4) Android 中有个 Assets 目录,这里可以存放只读文件

```
// 图片存放的路径为 assets/test.png
String path = "test.png";
InputStream is = getResources().getAssets().open(path);
Bitmap mBitmap = BitmapFactory.decodeStream(is);
```

第7章 实现炫酷效果—图像和动画

经验分享：

一些低版本的 Android 系统(2.2 版本以前)对 res/raw 和 assets 文件夹资源大小有限制，原始文件大小超过 1 MB，则不能从 APK 中读出。如果使用 AssetManager 或 Resources 类的方法来获取 InputStream，将抛出 java.io.IOException 的异常。这一点是特别需要注意的。

所以，为了兼容低版本的 Android 系统，如果需要放入大于 1 MB 的原始文件，则可以事先将大文件分割成小文件，然后在程序启动时将文件合并，复制到 SD 卡中，以供程序读取。

7.2.2 如果获取位图的信息

很多场合需要获取位图信息，比如位图大小、是否包含透明度、颜色格式等。Bitmap 类中支持很多方法，下面简单介绍一些常用的方法，如表 7-1 所列。

表 7-1 Bitmap 类中常用的一些方法

方 法	返回值	说 明
getWidth()	int	获取位图的宽
getHeight()	int	获取位图的高
hasAlpha()	boolean	是否包含透明度
getConfig()	Config	获取颜色格式

经验分享：

通过方法 getConfig() 得到的是这个位图的颜色格式(android.graphics.Bitmap.Config)，了解这个类对 Android 开发过程还是挺有用的。这是 Bitmap 的一个内部类。

```
public enum Config {
ALPHA_8 (2),//表示图形单个像素点由一个字节(8位)来表示,代表8位 Alpha
        //位图
RGB_565 (4),// 5+6+5=16,表示图形单个像素点由两个字节来表示的16位 RGB
        //位图
```

```
ARGB_4444 (5),// 4+4+4+4=16,表示图形单个像素点由两个字节来表示的 16
            //位 ARGB 位图
ARGB_8888 (6);// 8+8+8+8=32,表示图形单个像素点由 4 个字节来表示的 32
            //位 ARGB 位图
}
```

ALPHA_8、ARGB_4444 及 ARGB_8888 都是支持透明的位图。也就是说,字母 A 代表透明。位图位数越高代表其可以存储的颜色信息越多,当然图像也就越逼真。

7.2.3 位图的显示与变换

有了位图,就要将它显示出来。显示需要使用核心类 Canvas,可以直接通过 Canvas 类的 drawBitmap()显示位图,或者借助于 BitmapDrawable 来将 Bitmap 绘制到 Canvas。具体的可以参考前面 Canvas 相关的章节。

位图的变换还要用到前面提到的类 android.graphics.Matrix。变换可以在画的时候,也可以在加载图片的时候对原图片进行变换。

在 Canvas 画的时候进行变换的方法如下:

```
drawBitmap(Bitmap bitmap, Rect src, Rect dst, Paint paint);
// 指定 Matrix 绘制位图
drawBitmap(Bitmap bitmap, Matrix matrix, Paint paint)
```

这里主要介绍在原有位图的基础上缩放原位图,创建一个新的位图。下面是 android.graphics.Bitmap 自带的一个方法。

```
Bitmap.createBitmap (Bitmap source, int x, int y, int width, int height, Matrix m, boolean filter)
```

还有一种创建新位图的方法就是通过 BitmapFactory.decodeFile()方法。在操作 Android 图片的时候,我们会经常遇到内存溢出的问题,比如加载 8 MB 以上图片的时候,很容易造成内存溢出,因为 android 规定一个应用可以使用的内存为 8 MB 左右,如何优化后面有单独的一章节来介绍。下面看看如何将一个大图变小来使用:

```
BitmapFactory.Options opts = new BitmapFactory.Options();
opts.inJustDecodeBounds = true;
// 这里是整个方法的关键,inJustDecodeBounds 设为 true 时将不为图片分配内存
BitmapFactory.decodeFile("/sdcard/image.jpg",opts);
// 获取图片的原始宽度
int srcWidth = opts.outWidth;
// 获取图片原始高度
int srcHeight = opts.outHeight;
```

```
int destWidth = 0;
int destHeight = 0;
// 缩放的比例
double ratio = 0.0;
// 按比例计算缩放后的图片大小，maxLength是长或宽允许的最大长度
if(srcWidth > srcHeight) {
    ratio = srcWidth / maxLength;
    destWidth = maxLength;
    destHeight = (int)(srcHeight / ratio);
}else {
    ratio = srcHeight / maxLength;
    destHeight = maxLength;
    destWidth = (int)(srcWidth / ratio);
}
BitmapFactory.Options newOpts = new BitmapFactory.Options();
// 缩放的比例,缩放是很难按准备的比例进行缩放的,目前我只发现只能通过
// inSampleSize 来进行缩放,其值表明缩放的倍数,SDK中建议其值是2的指数值
newOpts.inSampleSize = (int) ratio + 1;
// inJustDecodeBounds 设为 false 表示把图片读进内存中
newOpts.inJustDecodeBounds = false;
// 设置大小,这个一般是不准确的,是以 inSampleSize 的为准,但是如果不设置却不能缩放
newOpts.outHeight = destHeight;
newOpts.outWidth = destWidth;
// 获取缩放后图片
Bitmap destBm = BitmapFactory.decodeFile("/sdcard/ image.jpg",newOpts);
```

经验分享：

对于 BitmapFactory.Options.inJustDecodeBounds 说明一下：如果该值设为 true，使用 BitmapFactory.decodeFile() 方法将不返回实际的 bitmap，同时不会给其分配内存空间而返回的 Options 里面只包括一些解码边界信息即图片大小信息。那么相应的方法也就出来了：通过设置 inJustDecodeBounds 为 true，获取到 outHeight(图片原始高度)和 outWidth(图片的原始宽度)，然后计算一个 inSampleSize(缩放值)，然后就可以读取图片了，这里要注意的是 Options.inSampleSize 不可以小于 0。也就是说先将 Options 的属性 inJustDecodeBounds 设为 true，先获取图片的基本大小信息数据(信息没有保存在 bitmap 里面，而是保存在 options 里面)，通过 options.outHeight 和 options.outWidth 获取的大小信息以及自己想要到得图片大小计算出来缩放比例 inSampleSize，然后紧接着将 inJustDecodeBounds 设为 false，就可以根据已经得到的缩放比例得到缩放后的图了。设置新的 Options，一定要设置 outHeight 和 outWidth；如果不设置将不能缩放。

7.3 变化多端—Drawable(绘图类)

Drawable 资源是 Android 系统中使用最广泛、最灵活的资源,可以直接使用 png、jpg、gif、.9.png 等图片作为资源文件,也可以使用多种 XML 文件作为资源文件。

下面详细介绍下各种 Drawable 资源。

7.3.1 Drawable 的一些常用子类

Android 平台的 Drawable 代表可以绘制在屏幕上的资源,可以使用 getDrawable(int) 从资源文件中获取 Drawable 资源,或者在 XML 资源文件中采用 @drawable 方式来引用一个 Drawable 资源。Drawable 是一个通用的抽象类,这里有几种 Drawable 类扩展出的绘图的类:

- BitmapDrawable—Bitmap File,一个 Bitmap 图像文件(.png、.jpg 或 .gif)。
- NinePatchDrawable—Nine-Patch File,一个带有伸缩区域的 PNG 文件,可以基于 content 伸缩图片(.9.png)。
- StateListDrawable—State List,一个 XML 文件,为不同的状态引用不同的 Bitmap 图像(例如,当按钮按下时使用不同的图片)。
- PaintDrawable—Color,定义在 XML 中的资源,指定一个矩形(圆角可以有)的颜色。
- ShapeDrawable—Shape,一个 XML 文件,定义了一个几何形状,包括颜色和渐变。
- AnimationDrawable—Animation 动画。

> **经验分享:**
> Android 中不允许图片资源的文件名中出现大写字母,并且不能以数字开头,否则将无法为该图片在 R 中生成资源索引。这点需要特别注意一下。

7.3.2 BitmapDrawable

BitmapDrawable 是位图转换而成,一般它的资源文件放在 res/drawable/ 目录下,文件名会被当作资源 ID 使用。例如:

在 res/drawable/myimage.png 位置保存了一张图片,在 Layout XML 中可以应用这个图片到一个 View 上:

```
<ImageView
    android:layout_height = "wrap_content"
    android:layout_width = "wrap_content"
    android:src = "@drawable/myimage" />;
```

下面的代码可以以 Drawable 方式得到图片：

```
Resources res = getResources();
Drawable drawable = res.getDrawable(R.drawable.myimage);
```

7.3.3 点九图片——NinePatchDrawable

  NinePatchDrawable 绘画的是一个可以伸缩的位图图像，Android 会自动调整大小来容纳显示的内容。NinePatch 常用在设置 View 的背景。NinePatch 与一般图片被设置为背景最大的区别就是 NinePatch 可以有一段图片不被拉伸。

  NinePatchDrawable 是一个标准的 PNG 图像，包括额外的 1 个像素的边界，必须保存它后缀为 .9.png，并且保持到工程的 res/drawable 目录中。可以使用 Android 自带的工具(\android-sdk\tools\draw9patch.bat)来进行 NinePatch 的制作。这个 1 个像素的边界是用来确定图像的可伸缩和静态区域。图 7-1 更方便理解：

- 左边那条黑色线代表图片垂直拉伸的区域。
- 上边的那条黑色线代表水平拉伸区域。
- 它们的交集就区域代表就垂直拉伸和水平拉伸都可以进行的区域。
- 右边的黑色线代表内容绘制的垂直区域。
- 下边的黑色线代表内容绘制的水平区域。
- 它们交集的区域就是内容所要绘制到的区域(android:padding 的效果)。

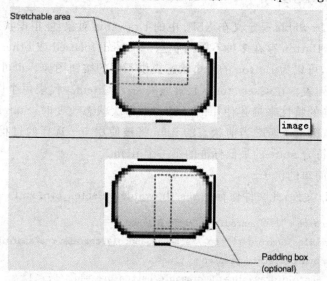

图 7-1 九图工具效果图

> **经验分享:**
>
> 制作点九图片的时候,如果下边和右边的黑线不是连续的,那它将按最左端(上端)和最右端(下端)组成的线段来算内容区域。右边和下边的线是可选的,左边和上边的线不能省略。
>
> 点九图片用在拉伸的情况下,需要注意拉伸的部分会变形。如果不需要拉伸,只需要重复地平铺怎么办?可以使用 BitmapDrawable 来实现:
>
> ```
> // 获取出图片
> Bitmap bitmap = BitmapFactory.decodeResource(context.getResources(), resID);
> // 转换成 BitmapDrawable
> BitmapDrawable bd = new BitmapDrawable(bitmap);
> // 设置平铺的方向为 X、Y(横、竖)两个方向
> bd.setTileModeXY(TileMode.REPEAT , TileMode.REPEAT );
> // 设置平铺的方向为 X(横)方向
> // bd.setTileModeX(TileMode.REPEAT );
> // 设置图片的抖动为 true。抖动可以使渐变更平滑,使原来会有间断线或色块的
> // 问题解决,但是不会使一个透明渐变的黑线消失
> bd.setDither(true);
> // 设置为背景,就能达到自动平铺的效果
> view.setBackgroundDrawable(bd);
> ```

7.3.4 会动的图片——StateListDrawable

StateListDrawable 是定义在 XML 中的 Drawable 对象,能根据状态来呈现不同的图像。例如,Button 存在多种不同的状态(pressed、focused 或 other)。使用 StateListDrawable,可以为 Button 的每个状态提供不同的按钮图像。也可以在 XML 文件中描述状态列表。在<selector>元素里的每个<item>代表每个图像,每个<item>使用不同的特性来描述使用的时机。当每次状态改变时,StateList 都会从上到下遍历一次,第一个匹配当前状态的 item 将被使用——选择的过程不是基于"最佳匹配",只是符合 state 的最低标准的第一个 item。

下面举个简单的例子。

先看 XML 文件,此文件保存在 res/drawable/selecter_btn.xml。

```
<? xml version = "1.0" encoding = "utf-8"? >
<selector xmlns:android = "http://schemas.android.com/apk/res/android">
    <item android:state_pressed = "true"
         android:drawable = "@drawable/button_pressed" /> <!-- pressed -->
```

```
    <item android:state_focused="true"
          android:drawable="@drawable/button_focused" /> <!-- focused -->
    <item android:drawable="@drawable/button_normal" /> <!-- default -->
</selector>
```

将这个 Drawable 应用到一个 View 上，使用的方法和使用 Drawable 一样。

```
<ImageView
    android:layout_height="wrap_content"
    android:layout_width="wrap_content"
    android:src="@drawable/selecter_btn" />
```

7.3.5　颜色填充的另一种方法—PaintDrawable

PaintDrawable 是定义在 XML 中的 color，可以当作 Drawable 使用，从而填充矩形区域（圆角可以有）。这种 Drawable 的行为很像是颜色填充。

下面我们来看个简单的例子。

XML 文件保存在 res/drawable/color_name.xml。

```
<?xml version="1.0" encoding="utf-8"?>
<resources>
<drawable name="solid_red">#f00</drawable>
<drawable name="solid_blue">#0000ff</drawable>
</resources>
```

将这个 Drawable 应用到一个 View 上。

```
<TextView
    android:layout_width="fill_parent"
    android:layout_height="wrap_content"
    android:background="@drawable/solid_blue" />
```

> **经验分享：**
>
> 　　Color Drawable 是一种简单的资源，可以使用 name 特性来引用其值（不再是 XML 文件的名）。因此，可以在一个 XML 文件中的<resources>元素下添加多个 Color Drawable。

7.3.6　超炫的特效—ShapeDrawable

想使用一些常用的图形时，ShapeDrawable 对象可能会有很大的帮助。当然通过ShapeDrawable,可以通过编程画出任何想到的图像与样式,因为ShapeDrawable有自己的draw()方法。

ShapeDrawable继承了Drawable,所以可以调用Drawable里有的函数,使用方法和其他Drawable的子类差不多。下面介绍它的特色。

通过ShapeDrawable的XML构造文件来了解ShapeDrawable的特性。下面是一个完整图形所包含的所有元素。

```xml
<? xml version = "1.0" encoding = "utf - 8"? >
<shape xmlns:android = "http://schemas.android.com/apk/res/android"
    android:shape = ["rectangle" | "oval" | "line" | "ring"]>
    <gradient
        android:angle = "integer"
        android:centerX = "integer"
        android:centerY = "integer"
        android:centerColor = "integer"
        android:endColor = "color"
        android:gradientRadius = "integer"
        android:startColor = "color"
        android:type = ["linear" | "radial" | "sweep"]
        android:usesLevel = ["true" | "false"] />
    <solid
        android:color = "color" />
    <stroke
        android:width = "integer"
        android:color = "color"
        android:dashWidth = "integer"
        android:dashGap = "integer" />
    <padding
        android:left = "integer"
        android:top = "integer"
        android:right = "integer"
        android:bottom = "integer" />
    <corners
        android:radius = "integer"
        android:topLeftRadius = "integer"
        android:topRightRadius = "integer"
        android:bottomLeftRadius = "integer"
        android:bottomRightRadius = "integer" />
</shape>
```

① android:shape—定义Shape的类型,有效的值包括:rectangle,矩形,为默认形状。oval,椭圆。line,水平直线。需要<stroke>元素定义线的宽度。ring,环形。

② <gradient>——为 Shape 指定渐变色。
- android:angle——Integer。渐变色的角度值。0 表示从左到右，90 表示从下到上。必须是 45 的倍数，默认是 0。
- android:centerX——Float。渐变色中心的 X 相对位置（0-1.0）。当 android：type="linear"时无效。
- android:centerY——Float。渐变色中心的 Y 相对位置（0-1.0）。当 android：type="linear"时无效。
- android:centerColor——Color。可选的颜色，出现在 start 和 end 颜色之间。
- android:endColor——Color。end 颜色。
- android:gradientRadius——Float。渐变色的半径。当 android：type="radial"时有效，而且必须设置。
- android:startColor——Color。start 颜色。
- android:type——Keyword。渐变色的样式。有效值为：linear，线性渐变，默认值。radial，环形渐变。start 颜色是处于中间的颜色。sweep，梯度渐变。sweep 与 radial 不同的是，radial 的颜色是从内往外渐变，sweep 的颜色是从 0°到 360°渐变。
- android:useLevel——Boolean。"true"表示可以当作 LevelListDrawable 使用。
- android:innerRadius——Dimension。内环的半径（只能在 android：shape="ring"时使用）。
- android:innerRadiusRatio——Float。以环的宽度比率来表示内环的半径。例如，如果 android：innerRadiusRatio="5"，内环半径等于环的宽度除以 5。这个值可以被 android：innerRadius 覆盖。默认值是 9（只能在 android：shape="ring"时使用）。
- android:thickness——Dimension。环的厚度（只能在 android：shape="ring"时使用）。
- android:thicknessRatio——Float。以环的宽度比率来表示环的厚度。例如，如果 android：thicknessRatio="2"，厚度就等于环的宽度除以 2。这个值可以被 android：thickness 覆盖。默认值是 3（只能在 android：shape="ring"时使用）。

③ <solid>——填充 shape 的单一色。
- android:color——Color。这个颜色会应用到 shape 上。

④ <stroke>—— shape 的线形。
- android:width——Dimension。线的宽度。
- android:color—— Color。线的颜色。
- android:dashGap——Dimension。线断与线段之间的空白距离。仅在 android：dashWidth 设定时有效。

- android:dashWidth——Dimension。线段的长度。仅在 android:dashGap 设定时有效。

⑤ <padding>—— Dimension。内部 View 元素的边距。

⑥ < corners >——为 shape 创建圆角。当 shape 是一个 rectangle 时有效。
- android:radius——Dimension。圆角的半径。会被下面的特性覆盖。
- android:topLeftRadius——Dimension。左上圆角半径。
- android:topRightRadius——Dimension。右上圆角半径。
- android:bottomLeftRadius——Dimension。实际是右下角圆角半径。(android 的 bug)。
- android:bottomRightRadius——Dimension。实际是左下圆角半径。(android 的 bug)。

在代码中可以直接使用 ShapeDrawable 的 XML 文件:

```
Drawable dr = (Drawable)getResources().getDrawable(R.drawable.shape_1);
dr.setBounds(x, y, x + width, y + height);
dr.draw(canvas);
```

下面提供一个例子,使用代码来实现如图 7-2 的效果。

图 7-2 ShapeDrawable 效果图

下面是具体的代码:

```
<shape xmlns:android = "http://schemas.android.com/apk/res/android"
    android:shape = "rectangle">
    <gradient
        android:startColor = "#FFFF0000"
        android:endColor = "#FF0000FF"
        android:centerColor = "#FF00FF00"
        android:angle = "315"/>
    <corners android:topLeftRadius = "8dp"
        android:bottomLeftRadius = "8dp" />
</shape>
```

经验分享：

这里对 ShapeDrawable 的属性进行了详细的解释，因为在手机软件的设计中，APK 包的大小和内存的大小一直是困扰我们的问题，图片又是这些问题中的一个重头戏。而一个简单的 xml 可以实现一张图片的效果，就可以减少 APK 包的大小和内存；同时也很方便修改，这么有用的东西，希望大家用好它。

同时通过上面的例子我们找到一个 Android 的问题。android:bottomLeftRadius="8dp"，从 android 的 api 的说明是左下圆角，而实际设置里却是右下圆角，android:bottomLeftRadius 和 android:bottomRightRadius 是相反的。可能与 GradientDrawable.setCornerRadii(float[8] radii) 中设置的圆角顺序是相同的，radii 是一个长度为 8 的 float 数组，设置的是按照顺时针的顺序。

上面主要讲的是通过 XML 文件来产生一个形状的 Drawable，也可以通过代码来实现。使用 ShapeDrawable 的构造函数(public ShapeDrawable(Shape s))来定义一个形状，然后使用 mShapeDrawable.getPaint().setShader(Shader shader)来设置 ShapeDrawable 画笔的渲染方式。这里涉及两个类 android.graphics.drawable.Shapes.Shape, android.graphics.Shader。

图 7-3 是 android.graphics.drawable.Shapes.Shape 及它的子类。

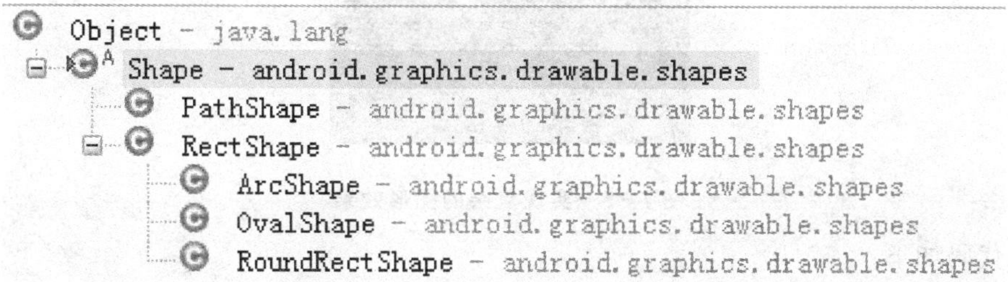

```
Object - java.lang
  Shape - android.graphics.drawable.shapes
    PathShape - android.graphics.drawable.shapes
    RectShape - android.graphics.drawable.shapes
      ArcShape - android.graphics.drawable.shapes
      OvalShape - android.graphics.drawable.shapes
      RoundRectShape - android.graphics.drawable.shapes
```

图 7-3 Shape 及它的子类

- PathShape 使用 Path 类创建几何路径。
- RectShape 定义一个矩形。
- ArcShape 定义一个弧形。
- OvalShape 定义一个椭圆形。
- RoundRectShape 定义一个圆角矩形。

Android 中提供了 Shader 类及其子类，主要用来渲染图像。图 7-4 说明了

Shader 类的子类。

```
Object - java.lang
    Shader - android.graphics
        BitmapShader - android.graphics
        ComposeShader - android.graphics
        LinearGradient - android.graphics
        RadialGradient - android.graphics
        SweepGradient - android.graphics
```

图 7-4 Shader 及它的子类

- BitmapShader 主要用来渲染图像。
- LinearGradient 用来进行梯度渲染。
- RadialGradient 用来进行环形渲染。
- SweepGradient 用来进行梯度渲染。
- ComposeShader 则是一个混合渲染。

有了上面的基础,我们就可以来实现比较复杂的图形,如图 7-5 所示。

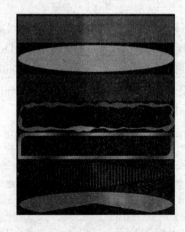

图 7-5 实现复杂的图形效果

代码如下:

```
// import 略
public class ShapeDrawable1 extends GraphicsActivity {

    @Override
    protected void onCreate(Bundle savedInstanceState) {
        super.onCreate(savedInstanceState);
        setContentView(new SampleView(this));
    }
```

```java
private static class SampleView extends View {
private ShapeDrawable[] mDrawables;
private static Shader makeSweep() {
/* *
 * 创建 SweepGradient 并设置渐变的颜色数组
         * 第一个 中心点的 x 坐标
         * 第二个 中心点的 y 坐标
         * 第三个 这个也是一个数组用来指定颜色数组的相对位置
         * 如果为 null 就沿坡度线均匀分布
         * 第四个 设置一个位置数组相对应的颜色数组,从 0 到 1.0
         * 如果位置是 null,就将颜色自动均匀的分布。
 */
return new SweepGradient(150, 25,
new int[] { 0xFFFF0000, 0xFF00FF00, 0xFF0000FF, 0xFFFF0000 }, null);
        }
private static Shader makeLinear() {
/* *
 * 创建 LinearGradient 并设置渐变的颜色数组
         * 第一个 起始的 x 坐标
         * 第二个 起始的 y 坐标
         * 第三个 结束的 x 坐标
         * 第四个 结束的 y 坐标
         * 第五个 颜色数组
         * 第六个 这个也是一个数组用来指定颜色数组的相对位置
 * 如果为 null 就沿坡度线均匀分布
         * 第七个 渲染模式
 */
        return new LinearGradient(0, 0, 50, 50,
new int[] { 0xFFFF0000, 0xFF00FF00, 0xFF0000FF },null,
             Shader.TileMode.MIRROR);
        }


private static Shader makeTiling() {
        int[] pixels = new int[] { 0xFFFF0000, 0xFF00FF00, 0xFF0000FF, 0};
        Bitmap bm = Bitmap.createBitmap(pixels, 2, 2, Bitmap.Config.ARGB_8888);
        /* 创建一个重复绘画的 BitmapShader * */
        return new BitmapShader(bm, Shader.TileMode.REPEAT,
                     Shader.TileMode.REPEAT);
        }

        /* 自定义一个 ShapeDrawable  重写 onDraw()方法 * */
private static class MyShapeDrawable extends ShapeDrawable {
```

```java
            private Paint mStrokePaint = new Paint(Paint.ANTI_ALIAS_FLAG);
            public MyShapeDrawable(Shape s) {
                    super(s);
                    mStrokePaint.setStyle(Paint.Style.STROKE);
            }
        public Paint getStrokePaint() {
                    return mStrokePaint;
            }
            @Override
        protected void onDraw(Shape s, Canvas c, Paint p) {
                    s.draw(c, p);
                    s.draw(c, mStrokePaint);
            }
        }

        public SampleView(Context context) {
            super(context);
            setFocusable(true);

            float[] outerR = new float[] { 12, 12, 12, 12, 0, 0, 0, 0 };
            RectF    inset  = new RectF(6, 6, 6, 6);
            float[] innerR = new float[] { 12, 12, 0, 0, 12, 12, 0, 0 };

            Path path = new Path();
            path.moveTo(50, 0);
            path.lineTo(0, 50);
            path.lineTo(50, 100);
            path.lineTo(100, 50);
            path.close();

            mDrawables = new ShapeDrawable[7];
            mDrawables[0] = new ShapeDrawable(new RectShape());
            mDrawables[1] = new ShapeDrawable(new OvalShape());
            mDrawables[2] = new ShapeDrawable(new RoundRectShape(outerR, null, null));
            mDrawables[3] = new ShapeDrawable(new RoundRectShape(outerR, inset, null));
            mDrawables[4] = new ShapeDrawable(new RoundRectShape(outerR, inset, innerR));
            /**
             * 创建一个 PathShape,参数说明:
             *     * 第一个 PathShape 的路径
             *     * 第二个 x 坐标缩放的原始比例,例如: ShapeDrawable 实际大小为 200
             *       那么显示出来的 Path 图形的 x 轴是原始的 200/100 倍
             *     * 第三个 y 坐标缩放的原始比例
```

```
            */
mDrawables[5] = new ShapeDrawable(new PathShape(path, 100, 100));
/**
 * 创建一个弧形 ArcShape,参数说明:
 *              * 第一个 开始的角度(注意起始角度在右侧水平为 0°角,顺时针增大)
 *              * 第二个 弧度延伸的角度,正数为顺时针延伸
 */
            mDrawables[6] = new MyShapeDrawable(new ArcShape(45, -270));

            mDrawables[0].getPaint().setColor(0xFFFF0000);
            mDrawables[1].getPaint().setColor(0xFF00FF00);
            mDrawables[2].getPaint().setColor(0xFF0000FF);
            mDrawables[3].getPaint().setShader(makeSweep());
            mDrawables[4].getPaint().setShader(makeLinear());
            mDrawables[5].getPaint().setShader(makeTiling());
            mDrawables[6].getPaint().setColor(0x88FF8844);

            PathEffect pe = new DiscretePathEffect(10, 4);
            PathEffect pe2 = new CornerPathEffect(4);
            mDrawables[3].getPaint().setPathEffect(new ComposePathEffect(pe2, pe));
            MyShapeDrawable msd = (MyShapeDrawable)mDrawables[6];
            msd.getStrokePaint().setStrokeWidth(4);
        }

        @Override protected void onDraw(Canvas canvas) {
            int x = 10;
            int y = 10;
            int width = 300;
            int height = 50;
            // 画出所有 Drawable
            for (Drawable dr : mDrawables) {
                dr.setBounds(x, y, x + width, y + height);
                dr.draw(canvas);
                y += height + 5;
            }
        }
    }
}
```

7.3.7 简单的帧动画—AnimationDrawable

AnimationDrawable 是 Android 实现动画的一种简单的形式,可以用来实现帧

动画。后续有一章节会详细介绍 Android 的动画。下面实现一个按钮单击后自动播放不同图片的 AnimationDrawable 的例子,步骤如下:

① 在 res/drawable 下定义 animation_1.xml 文件:

```xml
<?xml version="1.0" encoding="utf-8"?>
<animation-list xmlns:android="http://schemas.android.com/apk/res/android"
    android:oneshot="false">
    <item android:drawable="@drawable/a1" android:duration="500"></item>
    <item android:drawable="@drawable/a2" android:duration="500"></item>
</animation-list>
```

根标签为 animation-list,其中,android:oneshot 代表着是否只展示一遍,设置为 false 会不停地循环播放动画,根标签下通过 item 标签对动画中的每一个图片进行声明,android:duration 表示展示所用的该图片的时间长度。

② 在 java 代码中载入:

```java
Button mButton = (Button)findViewById(R.id.your_btn);
mButton.setBackgroundResource(R.drawable.animation_1);
AnimationDrawable mAnimationDrawable
 = (AnimationDrawable) mButton.getBackground();
// 或当作 AnimationDrawable 单独拿出来
AnimationDrawable mAnimationDrawable
 = (AnimationDrawable) getResources().getDrawable(R.drawable.animation_1);
```

③ 执行动画

```java
// 动画是否正在运行
if(mAnimationDrawable.isRunning()) {
    // 停止动画播放
    mAnimationDrawable.stop();
} else {
    // 开始或者继续动画播放
    mAnimationDrawable.start();
}
```

经验分享:

默认情况下,在 onCreate() 中执行"animation.start();"是无效的,因为在 onCreate() 中 AnimationDrawable 还没有完全与 Button 绑定,在 onCreate() 中启动动画,就只能看到第一张图片。解决的办法:在其他事件中响应触发动画。

7.4 轻量级图片—Picture

Drawable、Bitmap 都是比较常用的图形对象类。我们在阅读 Android SDK 文档还会发现一个类：android.graphics.Picture。那么 Picture 又是做什么用的呢？

相对于 Drawable 和 Bitmap 而言，Picture 对象就小巧得多，它并不存储实际的像素，仅仅记录了每个绘制的过程。整个类提供了两个重载形式，其中比较特别的是 Picture(Picture src) 从一个 Picture 对象去实例化操作。

这里有个简单的例子，来详细说明下。

```
protected void onDraw(Canvas canvas) {
    Picture p = new Picture();
    // 开始记录绘制过程，这里的 Canvas 是 Picture 的 Canvas
    Canvas c = p.beginRecording(320,480);
    // c.drawBitmap() ,drawLine 等方法处理
    // 结束录制绘制过程
    p.endRecording();
    PictureDrawable pd = new PictureDrawable(p);
    pd.draw(canvas) ;
    canvas.drawPicture(p);
}
```

7.5 Drawable、Bitmap、byte[]之间的转换

Android 中有这么多种图片资源，处理时会进行一些类型的转换。下面就总结了 Drawable、Bitmap、byte[]之间的转换。参考代码如下：

```
/** Drawable 转换成 Bitmap(使用 Canvas 方式) **/
public static Bitmap convertDrawable2BitmapByCanvas(Drawable drawable) {
    Bitmap bitmap = Bitmap
            .createBitmap(
                    drawable.getIntrinsicWidth(),
                    drawable.getIntrinsicHeight(),
                    drawable.getOpacity() != PixelFormat.OPAQUE ? Bitmap.Config.ARGB_8888
                            : Bitmap.Config.RGB_565);
    Canvas canvas = new Canvas(bitmap);
    drawable.setBounds(0, 0, drawable.getIntrinsicWidth(),
            drawable.getIntrinsicHeight());
    drawable.draw(canvas);
```

```
    return bitmap;
}

/** Drawable 转换成 Bitmap(通过 BitmapDrawable 方式) **/
public static Bitmap convertDrawable2BitmapSimple(Drawable drawable) {
    BitmapDrawable bd = (BitmapDrawable) drawable;
    return bd.getBitmap();
}

/** Bitmap 转换成 Drawable **/
public static Drawable convertBitmap2Drawable(Bitmap bitmap) {
    BitmapDrawable bd = new BitmapDrawable(bitmap);
    // 因为 BtimapDrawable 是 Drawable 的子类,最终直接使用 bd 对象即可。
    return bd;
}

/** byte[]转换成 Bitmap **/
public static Bitmap convertBytes2Bimap(byte[] b) {
    if (b.length == 0) {
        return null;
    }
    return BitmapFactory.decodeByteArray(b, 0, b.length);
}

/** Bitmap 转换成 byte[] **/
public static byte[] convertBitmap2Bytes(Bitmap bm) {
    ByteArrayOutputStream baos = new ByteArrayOutputStream();
    bm.compress(Bitmap.CompressFormat.PNG, 100, baos);
    return baos.toByteArray();
}
```

7.6 Android 提供的几种动画效果(Animation)

Android 提供了以下两种 Animation 模式及 4 种现成的 animation：
① Tween Animation：通过对图像不断做变换产生动画效果,是一种渐变动画。
➢ AlphaAnimation：渐变透明度动画效果。
➢ ScaleAnimation：渐变尺寸伸缩动画效果。
➢ TranslateAnimation：画面转移位置移动动画效果。
➢ RotateAnimation：画面转移旋转动画效果。
② Frame Animation：顺序播放事先做好的图像,是一种画面转换动画。

7.7 渐变动画—Tween Animation

7.7.1 Tween Animation 简介

一个 Tween 动画将对视图对象中的内容进行一系列简单的转换（位置、大小、旋转、透明性）。如果有一个文本视图对象，则可以移动、旋转、让它变大或让它变小；如果文字下面还有背景图像，背景图像也会随着文件进行转换。

可以使用 XML 来定义 Tween Animation。首先在工程中 res/anim 目录下创建一个动画的 XML 文件，这个文件必须包含一个根元素，可以使＜alpha＞＜scale＞＜translate＞ ＜rotate＞插值元素或者是把上面的元素都放入＜set＞元素组中。默认情况下，所以的动画指令都是同时发生的，为了让它们按序列发生，则需要设置一个特殊的属性 startOffset。动画的指令定义了想要发生什么样的转换，当它们发生了，应该执行多长时间，转换可以是连续的也可以是同时的。例如，让文本内容从左边移动到右边，然后旋转 180°，或者在移动的过程中同时旋转，每个转换需要设置一些特殊的参数（开始和结束的大小尺寸的变化，开始和结束的旋转角度等），也可以设置些基本的参数（例如开始时间与周期）；如果让几个转换同时发生，可以给它们设置相同的开始时间；如果按序列的话，计算开始时间时要加上其周期。

7.7.2 Tween Animation 共同的属性

下面介绍 Tween Animation 共同的节点属性。

- android:duration[long]—动画持续时间，以毫秒为单位。
- android:fillAfter [boolean]—当设置为 true，该动画转化在动画结束后被应用。
- android:fillBefore[boolean]—当设置为 true，该动画转化在动画开始前被应用。
- android:interpolator—指定一个动画的插入器有一些常见的插入器。
- accelerate_decelerate_interpolator—加速-减速 动画插入器。
- accelerate_interpolator—加速-动画插入器。
- decelerate_interpolator—减速-动画插入器。
- android:repeatCount[int]—动画的重复次数。-1 表示无限循环。
- android:RepeatMode[int]—定义重复的行为，1：重新开始，2：plays backward。
- android:startOffset[long]—动画之间的时间间隔，从上次动画停多少时间开始执行下个动画。
- android:zAdjustment[int]—定义动画的 Z Order 的改变 0：保持 Z Order 不

变,1:保持在最上层,-1:保持在最下层。

7.7.3 淡进淡出—AlphaAnimation

AlphaAnimation 是修改图片透明度的动画效果,如图 7-6 所示。

图 7-6 AlphaAnimation 动画效果

下面来解析 AlphaAnimation 的构造 XML 文档:

```
<?xml version="1.0" encoding="utf-8"?>
<set xmlns:android="http://schemas.android.com/apk/res/android">
<alpha
android:fromAlpha="0.1"
android:toAlpha="1.0"
android:duration="3000"
/>
<!-- 透明度控制动画效果 alpha
        浮点型值:
            fromAlpha 属性为动画起始时透明度
            toAlpha   属性为动画结束时透明度
            说明:
                0.0 表示完全透明
                1.0 表示完全不透明
            以上值取 0.0-1.0 之间的 float 数据类型的数字
-->
</set>
```

在代码中的 AlphaAnimation:

```
// 初始化函数:
// AlphaAnimation(float fromAlpha, float toAlpha)
// 第一个参数 fromAlpha 为动画开始时候透明度,对应 XML 中的 fromAlpha 属性
// 第二个参数 toAlpha 为动画结束时候透明度,对应 XML 中的 toAlpha 属性
AlphaAnimation mAlphaAnimation = new AlphaAnimation(0.1f, 1.0f);
// 设置时间持续时间为 5000 毫秒
mAlphaAnimation.setDuration(5000);
```

7.7.4 忽大忽小——ScaleAnimation

ScaleAnimation 是通过修改图片的大小的动画效果,如图 7-7 所示。

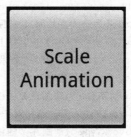

图 7-7　ScaleAnimation 动画效果

下面来解析 ScaleAnimation 的构造 XML 文档:

```
<?xml version="1.0" encoding="utf-8"?>
<set xmlns:android="http://schemas.android.com/apk/res/android">
   <scale
       android:interpolator="@android:anim/accelerate_decelerate_interpolator"
        android:fromXScale="0.0"
        android:toXScale="1.4"
        android:fromYScale="0.0"
        android:toYScale="1.4"
        android:pivotX="50%"
        android:pivotY="50%"
        android:fillAfter="false"
        android:duration="700" />
</set>
<!--大小伸缩动画效果 scale
     属性:interpolator 指定一个动画的插入器
     浮点型值:
          fromXScale 属性为动画起始时 X 坐标上的伸缩尺寸
          toXScale   属性为动画结束时 X 坐标上的伸缩尺寸
          fromYScale 属性为动画起始时 Y 坐标上的伸缩尺寸
          toYScale   属性为动画结束时 Y 坐标上的伸缩尺寸
          (以上四种属性值,0.0 表示收缩到没有,1.0 表示正常无伸缩
值小于 1.0 表示收缩,值大于 1.0 表示放大)
          pivotX     属性为动画相对于物件的 X 坐标的开始位置
          pivotY     属性为动画相对于物件的 Y 坐标的开始位置
          (以上两个属性值 从 0%～100% 中取值,
               50% 为物件的 X 或 Y 方向坐标上的中点位置)
-->
```

在代码中的 ScaleAnimation：

```
// 初始化函数：
// ScaleAnimation(float fromX, float toX, float fromY, float toY,
//                int pivotXType, float pivotXValue, int pivotYType, float pivotYValue)
// 第一个参数 fromX 为动画起始时 X 坐标上的伸缩尺寸
// 第二个参数 toX 为动画结束时 X 坐标上的伸缩尺寸
// 第三个参数 fromY 为动画起始时 Y 坐标上的伸缩尺寸
// 第四个参数 toY 为动画结束时 Y 坐标上的伸缩尺寸
// 第五个参数 pivotXType 为动画在 X 轴相对于物件位置类型
// 第六个参数 pivotXValue 为动画相对于物件的 X 坐标的开始位置
// 第七个参数 pivotXType 为动画在 Y 轴相对于物件位置类型
// 第八个参数 pivotYValue 为动画相对于物件的 Y 坐标的开始位置
ScaleAnimation   mScaleAnimation = new ScaleAnimation(0.0f, 1.4f, 0.0f, 1.4f,
                 Animation.RELATIVE_TO_SELF, 0.5f, Animation.RELATIVE_TO_SELF, 0.5f);
// 设置时间持续时间为 700 毫秒
mScaleAnimation.setDuration(700);
```

7.7.5 平移—TranslateAnimation

TranslateAnimation 是通过修改图片位置的方式实现动画效果，如图 7 - 8 所示。

图 7 - 8 TranslateAnimation 动画效果

下面来解析 TranslateAnimation 的构造 XML 文档：

```
<? xml version = "1.0" encoding = "utf - 8"? >
<set xmlns:android = "http://schemas.android.com/apk/res/android">
<translate
android:fromXDelta = "30"
android:toXDelta = " - 80"
```

```
android:fromYDelta = "30"
android:toYDelta = "300"
android:duration = "2000"
/>
<!-- translate 位置转移动画效果
        整型值：
            fromXDelta 属性为动画起始时 X 坐标上的位置
            toXDelta   属性为动画结束时 X 坐标上的位置
            fromYDelta 属性为动画起始时 Y 坐标上的位置
            toYDelta   属性为动画结束时 Y 坐标上的位置
-->
</set>
```

在代码中的 TranslateAnimation：

```
// 初始化函数：
// TranslateAnimation(float fromXDelta, float toXDelta, float fromYDelta, float toYDelta)
// 第一个参数 fromXDelta 为动画起始时 X 坐标上的移动位置
// 第二个参数 toXDelta 为动画结束时 X 坐标上的移动位置
// 第三个参数 fromYDelta 为动画起始时 Y 坐标上的移动位置
// 第四个参数 toYDelta 为动画结束时 Y 坐标上的移动位置
TranslateAnimation  mTranslateAnimation = TranslateAnimation(0f, 100f, 0f, 100f);
// 设置时间持续时间为 700 毫秒
mTranslateAnimation.setDuration(700);
```

7.7.6　旋转—RotateAnimation

RotateAnimation 是旋转图片的动画效果，如图 7-9 所示。

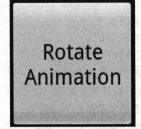 

图 7-9　RotateAnimation 动画效果

下面来解析 RotateAnimation 的构造 XML 文档：

```
<? xml version = "1.0" encoding = "utf-8"? >
<set xmlns:android = "http://schemas.android.com/apk/res/android">
<rotate
```

```
            android:interpolator = "@android:anim/accelerate_decelerate_interpolator"
            android:fromDegrees = "0"
            android:toDegrees = " + 350"
            android:pivotX = "50%"
            android:pivotY = "50%"
            android:duration = "3000" />
    <!-- rotate 旋转动画效果
        属性:interpolator 指定一个动画的插入器
        浮点数型值:
            fromDegrees 属性为动画起始时物件的角度
            toDegrees   属性为动画结束时物件旋转的角度 可以大于 360°
            (当角度为负数——表示逆时针旋转
             当角度为正数——表示顺时针旋转
            (负数 from——to 正数:顺时针旋转)
            (负数 from——to 负数:逆时针旋转)
            (正数 from——to 正数:顺时针旋转)
            (正数 from——to 负数:逆时针旋转))

            pivotX    属性为动画相对于物件的 X 坐标的开始位置
            pivotY    属性为动画相对于物件的 Y 坐标的开始位置
            (以上两个属性值 从 0%～100% 中取值
                50% 为物件的 X 或 Y 方向坐标上的中点位置)
    -->
</set>
```

在代码中的 RotateAnimation:

```
// 初始化函数:
// RotateAnimation(float fromDegrees, float toDegrees,
//     int pivotXType, float pivotXValue, int pivotYType, float pivotYValue)
// 第一个参数 fromDegrees 为动画起始时的旋转角度
// 第二个参数 toDegrees 为动画旋转到的角度
// 第三个参数 pivotXType 为动画在 X 轴相对于物件位置类型
// 第四个参数 pivotXValue 为动画相对于物件的 X 坐标的开始位置
// 第五个参数 pivotXType 为动画在 Y 轴相对于物件位置类型
// 第六个参数 pivotYValue 为动画相对于物件的 Y 坐标的开始位置
RotateAnimation mRotateAnimation = new RotateAnimation(0.0f, + 350.0f,
        Animation.RELATIVE_TO_SELF,0.5f,Animation.RELATIVE_TO_SELF, 0.5f);
// 设置时间持续时间为 700 毫秒
mRotateAnimation.setDuration(700);
```

7.7.7　实现一个自己的 TweenAnimation

下面将前面的知识综合起来实现一个自己的 TweenAnimation。步骤如下:

第7章 实现炫酷效果—图像和动画

① 在工程中 res/anim 目录下构建一个 TweenAnimation 文件 animation_1.xml,如下:

```xml
<set android:shareInterpolator = "false"
xmlns:android = "http://schemas.android.com/apk/res/android">
    <scale
        android:interpolator = "@android:anim/accelerate_decelerate_interpolator"
        android:fromXScale = "1.0"
        android:toXScale = "1.4"
        android:fromYScale = "1.0"
        android:toYScale = "0.6"
        android:pivotX = "50%"
        android:pivotY = "50%"
        android:fillAfter = "false"
        android:duration = "700" />
    <set android:interpolator = "@android:anim/decelerate_interpolator">
        <scale
            android:fromXScale = "1.4"
            android:toXScale = "0.0"
            android:fromYScale = "0.6"
            android:toYScale = "0.0"
            android:pivotX = "50%"
            android:pivotY = "50%"
            android:startOffset = "700"
            android:duration = "400"
            android:fillBefore = "false" />
        <rotate
            android:fromDegrees = "0"
            android:toDegrees = "-45"
            android:toYScale = "0.0"
            android:pivotX = "50%"
            android:pivotY = "50%"
            android:startOffset = "700"
            android:duration = "400" />
    </set>
</set>
```

② 在 java 代码中载入并执行动画:

```java
// import 略
public class myAnimation extends Activity implements OnClickListener {

    private Button mButton;
```

```java
    private Animation mAnimation;

    @Override
    public void onCreate(Bundle savedInstanceState) {
        super.onCreate(savedInstanceState);
        setContentView(R.layout.main);
        mButton = (Button) findViewById(R.id.button_id);
        mButton.setOnClickListener(this);
    }
    public void onClick(View button) {
        switch (button.getId()) {
        case R.id.button_id: {
            mAnimation = AnimationUtils.loadAnimation(this,R.anim.animation_1);
            mButton.startAnimation(mAnimation);
        }
        break;
        }
    }
```

> **经验分享：**
>
> 与 AnimationDrawable 不同，如果"animation.start();"在 onCreate() 中执行，则是可以播放出来的，就是一进来就播放动画了。
>
> 同时也通过 animation_1.xml 文件发现，多个 TweenAnimation 是可以写在一起的，它们会按照顺序来实现动画。

7.8 渐变动画—Frame Animation

Frame Animation 是按顺序播放事先做好的图像，跟播放电影类似，可以参考7.3.7小节。

> **经验分享：**
>
> AnimationDrawable 也可以通过代码来生成 AnimationDrawable 对象：
>
> ```
> AnimationDrawable mAnimationDrawable = new AnimationDrawable();
> mAnimationDrawable.addFrame(Drawable frame,int duration);//来添加帧数
> Drawable mDrawable = mAnimationDrawable.getFrame(int index);//来获取
> ```

下面提供一个java代码生成动画的例子：

```java
// import 略
public class myAnimation extends Activity implements OnClickListener {

    private Button mButton;
    private AnimationDrawable mAnimationDrawable;

    @Override
    public void onCreate(Bundle savedInstanceState) {
        super.onCreate(savedInstanceState);
        setContentView(R.layout.main);
        mAnimationDrawable = new AnimationDrawable();
        mAnimationDrawable.addFrame(getResources().getDrawable(R.drawable.img_1), 200);
        mAnimationDrawable.addFrame(getResources().getDrawable(R.drawable.img_2), 200);
        mAnimationDrawable.addFrame(getResources().getDrawable(R.drawable.img_3), 200);
        mButton = (Button) findViewById(R.id.button_id);
        mButton.setBackgroundDrawable(mAnimationDrawable);
        mButton.setOnClickListener(this);
    }
    public void onClick(View button) {
        switch (button.getId()) {
        case R.id.button_id: {
            // 动画是否正在运行
            if(mAnimationDrawable.isRunning()){
                // 停止动画播放
                mAnimationDrawable.stop();
            } else{
                // 开始或者继续动画播放
                mAnimationDrawable.start();
            }
        }
        break;
    }
}
```

7.9 随意组合动画效果—AnimationSet

AnimationSet 是一个 Animation 的一个子类，可以将多个 Animation 放到一个 list 集合中。实际上是 Animation 的一个集合。对 Animation 的基本设置可以通过 Animationset 来设置。如果需要对一个控件进行多种动画设置，可以采用 animationset。

下面举个例子:

```
AnimationSet mAnimationSet = new AnimationSet(true);
mAnimationSet.setFillEnabled(true);
mAnimationSet.setInterpolator(new BounceInterpolator());

TranslateAnimation ta = new TranslateAnimation(-300, 100, 0, 0);
ta.setDuration(2000);
mAnimationSet.addAnimation(ta);

TranslateAnimation ta2 = new TranslateAnimation(100, 0, 0, 0);
ta2.setDuration(2000);
ta2.setStartOffset(2000);
mAnimationSet.addAnimation(ta2);
// 设置动画时间
mAnimationSet.setDuration(2000);
// 动画重复次数(-1 表示一直重复)
mAnimationSet.setRepeatCount(-1);
// 使用和前面的 Animation 是一样的
mButton.startAnimation(mAnimationSet);
```

> **经验分享:**
> mAnimationSet 整体认为是一个动画,mAnimationSet 开始的时候其中的子动画就一起开始了。如果需要按顺序的播放出来,可以设置各自的 subAnimation.setStartOffset(2000);这样就可以在开始之后的 2 秒后再播放 subAnimation。

7.10 加速的工具—Interpolator

android.view.animation.Interpolator 定义了动画变化的速率。在 animations 下定义了以下几种 interpolator:

- AccelerateDecelerateInterpolator—在动画开始与结束的地方速率改变比较慢,在中间的时候较快。
- AccelerateInterpolator—在动画开始的时候改变较慢,然后开始加速。
- CycleInterpolator—动画循环播放特定次数,速率改变沿着正弦曲线。
- DecelerateInterpolator—在动画开始的时候叫慢,然后开始减速。

➤ LinearInterpolator——动画以均匀速率改变。

下面提供一个如何设置 animation 的 Interpolator 例子。

在 xml 中的设置:

android:interpolator = "@android:anim/accelerate_interpolator"

在 Java 代码中的设置:

mAnimationSet.setInterpolator(new AccelerateDecelerateInterpolator());

第 8 章

网络的时代——网络开发

在最近几年里,移动互联网已经是一个炙手可热的领域。移动互联网,简单地说,就是互联网的延伸,将互联网从计算机延伸至手机等移动设备上。伴随着智能手机的普及,以及基于智能手机的各种应用和服务的滋生,如今的移动互联网真正意义上进入了高速发展的阶段。而 Android 作为智能手机的重要平台之一,必然就会有越来越多的 Android 应用瞄准这个市场。在现有的 Android 应用中,有很大一部分都是网络相关的应用。所以,学习网络开发是学习 Android 应用开发的重要部分。

本章详细介绍在 Android 平台上进行网络应用开发的相关知识。首先详细介绍如何基于 Socket 和 HTTP 协议编程。由于网络操作一般都比较耗时,这里会详细介绍如何使用多线程和异步处理的方式处理网络请求。最后介绍 Android 客户端与服务器端进行数据交互的一种通用数据格式——JSON 数据格式。

8.1 Android 中网络开发概述

在 Android SDK 中,完全支持 JDK 本身的 TCP、UDP、URL、URLConnection 等网络通信的相关类。同时,Android SDK 还内置了 HttpClient,可以非常方便地发送 HTTP 请求。

表 8-1 描述了 Android SDK 中一些与网络有关的 package。通过此表可以对 Android 中网络开发 API 有一定的了解。

表 8-1 与网络有关的 package

包	描 述
java.net	提供与互联网有关的类,包括流和数据包(datagram)sockets、Internet 协议和常见 HTTP 处理。该包是一个多功能网络资源

续表 8-1

包	描述
java.io	包中的类由其他 Java 包中提供的 socket 和连接使用。它们还用于与本地文件（在与网络进行交互时会经常出现）的交互
java.nio	包含表示特定数据类型的缓冲区的类，适用于两个基于 Java 语言的端点之间的通信
org.apache.*	表示许多为 HTTP 通信提供精确控制和功能的包，可以将 Apache 视为流行的开源 Web 服务器
android.net	除核心 java.net.* 类以外，包含额外的网络访问 socket。该包包括 URI 类，后者频繁用于 Android 应用程序开发，而不仅仅是传统的联网方面
android.net.http	包含处理 SSL 证书的类
android.net.wifi	包含在 Android 平台上管理有关 WiFi（802.11 无线 Ethernet）所有方面的类
android.telephony.gsm	包含用于管理和发送 SMS（文本）消息的类

在 Android 平台上实现网络应用，一般有两种方式：

① 直接基于 Socket 编程，一般是针对对于实时性要求较高的场合。比如开发实时监控应用、聊天应用等。

② 基于某种成熟的通信协议。最常用的就是 HTTP 协议。

经验分享：

如果开发的 Android 应用需要联网，那么就需要在 AndroidManifest.xml 中定义相应的权限，否则会出现 java.net.SocketException：Permission 异常。

在 AndroidManifest.xml 中定义相应的权限，代码片段如下：

<uses-permission android:name="android.permission.INTERNET"/>

8.2 直接基于 Socket 编程

8.2.1 Socket 编程简介

Socket（套接字）是一种抽象层，应用程序通过它来发送和接收数据，就像应用程序打开了一个文件句柄,将数据读写到稳定的存储器上一样。使用 Socket 可以将应用程序添加到网络中,并与处于同一网络中的其他应用程序进行通信。一台计算机上的应用程序向 Socket 写入的信息能够被另一台计算机上的另一个应用程序读取,反之亦然。根据不同的底层协议实现,也会有很多种不同的 Socket。这里只覆盖了 TCP/IP 协议的内容,在这个协议当中主要的 Socket 类型为流套接字(stream socket)和数据报套接字(datagram socket)。流套接字将 TCP 作为其端对端协议,提供了一个可信赖的字节流服务。数据报套接字使用 UDP 协议,可提供一个"尽力而为"的数据报服务,应用程序可以通过它发送最长 65500 字节的个人信息。

Socket 基本通信模型如图 8-1 所示。

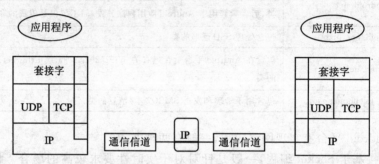

图 8-1 Socket 基本通信模型图

Socket 通信方式有两种,长连接和短连接两种方式。

所谓长连接,指在一个连接上可以连续发送多个数据包,然后断开连接,在连接保持期间,如果没有数据包发送,需要双方发链路检测包。短连接是指通信双方有数据交互时,就建立一个连接,数据发送完成后,则断开此连接,即每次连接只完成一项业务的发送。

采用长连接和短连接要视情况而定。长连接多用于操作频繁,对正确性要求较高,点对点的通信的情况。比如很多聊天软件,就采用长连接的方式。长连接一般采用 TCP 协议的方式。短连接则多用于对正确性要求不高的情况。短连接一般采用 UDP 协议的方式。

应用程序可以通过套接字进行通信,可以使用 UDP 协议或者使用 TCP 协议,但客户端和服务器端的协议运用时应该使用相对应的协议,即客户端使用 TCP,那么服务器端使用 TCP。

(1) TCP 协议

长连接方式。首先连接接收方,然后发送数据,保证成功率,速度慢。

TCP 通信方式如图 8-2 所示。

(2) UDP 协议

短连接方式。把数据打包成数据包,然后直接发送对应的 IP 地址,速度快,但是不保证成功率,并且数据大小有限。

第 8 章　网络的时代—网络开发

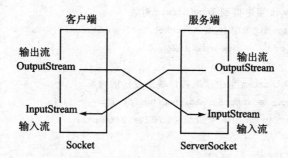

图 8-2　TCP 通信方式图

和 TCP 通信对比，UDP 通信不使用 InputStream 和 OutputStream。

8.2.2　基于 TCP 协议的 Socket 编程

在 Android 中开发基于 TCP 协议的 Socket 编程，和传统的在 JDK 下实现，并没有什么不同。

下面看一个基于 TCP 协议的 Socket 通信的例子，通过这个简单的例子即可理解如何实现服务器端和客户端的简单通信。

TCP 协议客户端的实现：

```
// 创建一个 Socket 对象,指定服务器端的 IP 地址和端口号
Socket socket = new Socket("192.168.1.1",1234);
// 使用 InputStream 读取硬盘上的文件,做为输入流
InputStream inputStream = new FileInputStream("f://file/test.txt");
// 从 Socket 当中得到 OutputStream,做为输出流
OutputStream outputStream = socket.getOutputStream();
byte buffer [] = new byte[4 * 1024]; int temp = 0 ;
// 将 InputStream 当中的数据取出,并写入到 OutputStream 当中
while((temp = inputStream.read(buffer)) != -1) {
    outputStream.write(buffer, 0, temp);
}
outputStream.flush();
```

TCP 协议服务器端的现实：

```
// 声明一个 ServerSocket 对象
ServerSocket serverSocket = null;
try  {
    // 创建一个 ServerSocket 对象,并让这个 Socket 在 1234 端口监听
    serverSocket = new ServerSocket(1234);
    // 调用 ServerSocket 的 accept()方法,接受客户端所发送的请求
    // 如果客户端没有发送数据,那么该线程就停滞不继续
    Socket socket = serverSocket.accept();
```

```
            // 从 Socket 当中得到 InputStream 对象
            InputStream inputStream = socket.getInputStream();
            byte buffer[] = new byte[1024*4];
            int temp = 0;
            // 从 InputStream 当中读取客户端所发送的数据
            while((temp = inputStream.read(buffer)) != -1){
            System.out.println(new String(buffer,0,temp));
            }
        } catch (IOException e) {
            e.printStackTrace();
        }
    }
serverSocket.close();
```

8.2.3 基于 UDP 协议的 Socket 编程

使用 DatagramSocket 类可以实现基于 UDP 协议的 Socket 编程。

DatagramSocket 其实就是一个发射器，专门用来发射 DatagramPacket（数据报包）。数据报包用来实现无连接包投递服务。每条报文仅根据该包中包含的信息从一台机器路由到另一台机器。从一台机器发送到另一台机器的多个包可能选择不同的路由，也可能按不同的顺序到达。不对包投递做出保证。

DatagramPacket 自己的内部就有一个数据缓冲区，可以直接操作这个缓冲区的，向这个缓冲区中写数据、读数据等操作。

下面提供一段代码示例，实现的功能就是通过 IP 和 PORT 给自己传递一些数据。

数据的发送的代码片段：

```
DatagramSocket udpSocket = new DatagramSocket();
byte[]outBuf = "this is a text".getBytes();
DatagramPacket dataPacket = new DatagramPacket(outBuf,outBuf.length);
dataPacket.setAddress(InetAddress.getByName("127.0.0.1"));
dataPacket.setPort(2000);
Log.d("SendLength", "" + outBuf.length);
dataPacket.setLength(outBuf.length);
Log.d("", "start send");
udpSocket.send(dataPacket);
Log.d("", "send over");
```

数据接收端的代码片段：

```
// 作为数据接受端我们只需要监控相应的端口就行了
// host 默认为本机 host,手机自己里面为 127.0.0.1
DatagramSocket udpSocket = new DatagramSocket(2000);
```

```
DatagramPacket dataPacket = new DatagramPacket(framedata,framedata.length);
Log.d("", "start receiver");
// 这个是使用 DatagramActivity 的核心
// 该方法为阻塞的,会一直阻塞知道有数据过来
udpSocket.receive(dataPacket);
Log.d("", "receiver ok");
int iLen = dataPacket.getLength();
Log.d("receiveLength", "" + iLen);
String str = new String(framedata,0,iLen);
Log.d("receiveString", str);
```

数据接收只需要对端口进行监听就行了,host 自动绑定本地 host。

> **经验分享:**
> 　　DatagramSocket 类的 receive()方法会一直阻塞直到数据过来,源码里面先让发送端休眠了 3 秒,也就是让接收端先接收,因为发送端要 3 秒后才会发送,所以接收端肯定会先阻塞,等待。

8.3　基于最成熟的 Web 协议—HTTP 协议编程

8.3.1　HTTP 协议简介

　　超文本传输协定(HTTP,HyperText Transfer Protocol)是互联网上应用最为广泛的一种网络协议。所有的 WWW 文件都必须遵守这个标准。设计 HTTP 最初是为了提供一种发布和接收 HTML 页面的方法。

　　HTTP 是一个客户端和服务器端请求和应答的标准(TCP)。客户端是终端用户,服务器端是网站。通过使用 Web 浏览器、网络爬虫或者其他的工具,客户端发起一个到服务器上指定端口(默认端口为 80)的 HTTP 请求,称这个客户端为用户代理(user agent)。应答的服务器上存储着一些资源,比如 HTML 文件和图像,称这个应答服务器为源服务器。在用户代理和源服务器中间可能存在多个中间层,比如代理、网关或者隧道(tunnel)。尽管 TCP/IP 协议是互联网上最流行的应用,HTTP 协议并没有规定必须使用它和基于它支持的层。事实上,HTTP 可以在任何其他互联网协议上或者在其他网络上实现。HTTP 只假定其下层协议提供可靠的传输,任何能够提供这种保证的协议都可以被其使用。

　　通常,由 HTTP 客户端发起一个请求,建立一个到服务器指定端口(默认是 80

端口)的 TCP 连接。HTTP 服务器则在那个端口监听客户端发送过来的请求。一旦收到请求,服务器向客户端发回一个状态行,比如"HTTP/1.1 200 OK",和响应的消息,消息的消息体可能是请求的文件、错误消息、或者一些其他信息。

　　HTTP 使用 TCP 而不是 UDP 的原因在于打开一个网页必须传送很多数据,而 TCP 协议提供传输控制,按顺序组织数据和错误纠正。

　　通过 HTTP 或者 HTTPS 协议请求的资源,由统一资源标识符(Uniform Resource Identifiers,URI)来标识。

　　HTTP/1.1 协议中共定义了 8 种方法(有时也叫"动作")来表明 Request-URI 指定的资源的不同操作方式:

1) OPTIONS

返回服务器针对特定资源所支持的 HTTP 请求方法。

2) HEAD

向服务器索要与 GET 请求相一致的响应,只不过响应体将不会被返回。这一方法可以在不必传输整个响应内容的情况下,就可以获取包含在响应消息头中的元信息。

3) GET

向特定的资源发出请求。注意:GET 方法不应当用于产生"副作用"的操作中,例如在 Web Application 中。其中一个原因是 GET 可能会被网络蜘蛛等随意访问。

4) POST

向指定资源提交数据进行处理请求(例如提交表单或者上传文件),数据被包含在请求体中。POST 请求可能会导致新的资源的建立和/或已有资源的修改。

5) PUT

向指定资源位置上传其最新内容。

6) DELETE

请求服务器删除 Request-URI 所标识的资源。

7) TRACE

回显服务器收到的请求,主要用于测试或诊断。

8) CONNECT

HTTP/1.1 协议中预留给能够将连接改为管道方式的代理服务器。

　　当某个请求所针对的资源不支持对应的请求方法的时候,服务器应当返回状态码 405(Method Not Allowed);当服务器不认识或者不支持对应的请求方法的时候,应当返回状态码 501(Not Implemented)。

　　HTTP 服务器至少应该实现 GET 和 HEAD 方法,其他方法都是可选的。当然,所有方法支持的实现都应当符合上述方法各自的语义定义。此外,除了上述方法,特定的 HTTP 服务器还能够扩展自定义的方法。

第 8 章 网络的时代—网络开发

Android SDK 提供了多个封装的类,可以非常方便地实现基于 HTML 协议的编程。一般在 Android 中针对 HTTP 进行网络通信有几种方式:一种是通过 URL 类获取网络资源;一种是使用 HttpURLConnection 类(一般通过用 URL 类的 openConnection()方法创建一个 HttpURLConnection 对象)来实现;一种是使用 Apache 的 HTTP 客户端组件 HttpClient 实现。

8.3.2 使用 URL 类读取 HTTP 资源

URL(Uniform Resource Locator)对象代表统一资源定位器,是指向互联网"资源"的指针。通常情况下,URL 由协议名、主机、端口、资源组成。如下:

```
http://www.your-host:80/index.php
```

URL 类常用的方法有:

```
String getFile();//获取此 URL 的资源名
String getHost();//获取此 URL 的主机名
String getPath();//获取此 URL 的路劲
Int getPort();//获取此 URL 的端口号
String getProtocol();//获取此 URL 的协议名称
String getQuery();//获取此 URL 的查询字符串
URLConnection openConnection();//返回一个 URLConnection 对象
InputStream openStream();//打开连接,并返回一个用于读取该 URL 资源的 InputStream
```

URL 对象提供了 openStream()方法,就可以读取该 URL 资源的 InputStream,非常方便。下面的代码示例,访问了 Web 地址"http://www.google.cn/",并且将服务器返回的 HTML 文本输出出来。

```
// import 略
public class URLTest extends Activity  {
    @Override
    public void onCreate(Bundle savedInstanceState)  {
        super.onCreate(savedInstanceState);
        TextView tv = new TextView(this);
        String myString = "";
        try {
            // 定义获取文件内容的 URL
            URL mURL = new URL("http://www.google.cn/");
            // 打开 URL 链接
            // 读取数据
            InputStream is = mURL.openStream();
            BufferedInputStream bis = new BufferedInputStream(is);
            // 使用 ByteArrayBuffer 缓存
            ByteArrayBuffer baf = new ByteArrayBuffer(50);
```

```
                int current = 0;
                while((current = bis.read()) != -1) {
                    baf.append((byte)current);
                }
                // 将缓存的内容转化为 String,用 UTF-8 编码
                myString = EncodingUtils.getString(baf.toByteArray(), "UTF-8");
        } catch(Exception e)   {
                myString = e.getMessage();
        }
        // 设置屏幕显示
        tv.setText(myString);
        this.setContentView(tv);
    }
}
```

需要特别注意的是,这里只是简单举个例子说明如何读取 URL 网络资源。可以看到,这里将所有的代码都写到了 Activity 的 onCreate()中。在真实的项目开发过程中,这种方式是有问题的。由于网络的阻塞,可能会出现 ANR(Application Not Response)错误,导致程序退出。正常的做法应该是使用异步的方式请求网络数据。后面会有详细的例子说明具体如何做。

> **经验分享**:
>
> 为了避免频繁读取字节流,提高读取效率,用 BufferedInputStream 缓存读到的字节流。
>
> ```
> InputStream is = mURL.openStream();
> BufferedInputStream bis = new BufferedInputStream(is);
> // 准备好 BufferdInputStream 后,我们就可以用 read 方法读入网络数据
> ByteArrayBuffer baf = new ByteArrayBuffer(50);
> int current = 0;
> while((current = bis.read())!= -1) {
>     baf.append((byte)current);
> }
> ```
>
> 由于读到的数据只是字节流,无法直接显示到屏幕上,所以在显示之前要将字节流转换为可读取的字符串。
>
> 如果读取的是.txt 等文件是 UTF-8 格式的,就需要对数据进行专门的转换:
>
> ```
> myString = EncodingUtils.getString(baf.toByteArray(),"UTF-8");
> ```

8.3.3 使用 HttpURLConnection 类访问 HTTP 资源

HttpURLConnection 继承于 URLConnection，它在 URLConnection 的基础上提供了如下便捷的方法：

```
void setResponseMethod(String method);//设置发送请求
int getResponseCode();//获取服务器的响应代码
String getResponseMessage();//获取服务器的响应消息
String getResponseMethod();//获取发送请求
```

使用 HttpURLConnection 类访问 HTTP 资源的基本步骤如下：

① 创建 URL 以及 HttpURLConnection 对象。
② 设置连接参数。
③ 连接到服务器。
④ 向服务器写数据。
⑤ 从服务器读取数据。

下面提供一段代码说明具体如何实现。

```
try {
    // 创建一个 URL 对象
    URL url = new URL(your_url);
    // 创建一个 URL 连接,如果有代理的话可以指定一个代理
    URLConnection connection = url.openConnection(Proxy_yours);
    // 对于 HTTP 连接可以直接转换成 HttpURLConnection,这样就可以使用一些 HTTP
    // 连接特定的方法,如 setRequestMethod() 等:HttpURLConnection connection =
    // (HttpURLConnection)url.openConnection(Proxy_yours);

    // 在开始和服务器连接之前,可能需要设置一些网络参数
    connection.setConnectTimeout(10000);
    // 连接到服务器
    connection.connect();
    // 与服务器交互:
    OutputStream outStream = connection.getOutputStream();
    ObjectOutputStream objOutput = new ObjectOutputStream(outStream);
    objOutput.writeObject(new String("this is a string…"));
    objOutput.flush();
    InputStream in = connection.getInputStream();
    // 处理数据 省略具体代码
} catch (Exception e) {
    // 网络读写操作往往会产生一些异常,所以在具体编写网络应用时
    // 最好捕捉每一个具体以采取相应措施
}
```

8.3.4 使用 Apache 的 HttpClient

Apache HttpClient 是一个开源项目，它对 java.net 中的类进行了封装，弥补了 java.net.* 中的类的灵活性不足的缺点，更适合应用在 Android 中开发网络，支持客户端的 HTTP 编程，更加方便高效。

一般的，使用 HttpClient 进行网络开发的步骤如下：

① 创建 HttpClient 对象。

② 如果需要发送 GET 请求，则创建 HttpGet 对象；如果需要发送 Post 请求，则创建 HttpPost 对象。

③ 如果需要设置请求参数，则可使用 HttpGet 和 HttpPost 共同的 setParams (HttpParams params) 方法来添加请求参数，HttpPost 还可以调用 setEntity(HttpEntity entity) 方法来设置。

④ 调用 HttpClient 对象的 execute(HttpUriRequest request) 发送请求，执行该方法返回一个 HttpResponse。

⑤ 调用 HttpResponse 的 getAllHeaders()、getHeaders(String name) 等方法可获取响应头；调用 HttpResponse 的 getEntity() 方法可获取 HttpEntity 对象，该对象封装了响应的内容。

下面是一个详细的通用的网络连接类，包括了 GET、POST 的完整代码及注解。

```
// import 略
public class HttpConnecter {
    /**
     * 封装的 Get 方法
     */
    public static String get(String uri) throws ClientProtocolException, IOException {
        // 获取系统默认的 HttpClient 链接
        HttpClient httpClient = new DefaultHttpClient();
        HttpGet httpGet = new HttpGet(uri);
        // 发送 GET 请求
        HttpResponse httpResponse = httpClient.execute(httpGet);
        int statusCode = httpResponse.getStatusLine().getStatusCode();
        // 获取服务器响应信息，200 代表成功响应
        if (statusCode >= 200 && statusCode < 400) {
            StringBuilder stringBuilder = new StringBuilder();
            // httpResponse.getEntity().getContent()用来获取响应的内容
            BufferedReader reader = new BufferedReader(new InputStreamReader(
                    httpResponse.getEntity().getContent(), "UTF-8"));
            for (String s = reader.readLine(); s != null; s = reader.readLine()) {
                // 读出内容
```

第8章 网络的时代——网络开发

```java
                    stringBuilder.append(s);
                }
                reader.close();
                Log.d("HttpConnecter","HTTP GET:" + uri.toString());
                Log.d("HttpConnecter","Response:" + stringBuilder.toString());
                return stringBuilder.toString();
            }
            return null;
        }

        /**
         * 封装的 Post 方法
         */
        public static String post(String uri, List<NameValuePair> formparams)
                throws ClientProtocolException, IOException {
            HttpClient httpClient = new DefaultHttpClient();
            UrlEncodedFormEntity entity
                = new UrlEncodedFormEntity(formparams,"UTF-8");
            HttpPost httpPost = new HttpPost(uri);
            // 设置请求参数
            httpPost.setEntity(entity);
            // 发送 Post 请求
            HttpResponse httpResponse = httpClient.execute(httpPost);
            int statusCode = httpResponse.getStatusLine().getStatusCode();
            if (statusCode >= 200 && statusCode < 400) {
                StringBuilder stringBuilder = new StringBuilder();
                // httpResponse.getEntity().getContent()用来获取响应的内容
                BufferedReader reader = new BufferedReader(new InputStreamReader(
                        httpResponse.getEntity().getContent(), "UTF-8"));
                for (String s = reader.readLine(); s != null; s = reader.readLine()) {
                    stringBuilder.append(s);
                }
                reader.close();
                Log.d("HttpConnecter","HTTP POST:" + uri.toString());
                Log.d("HttpConnecter","Response:" + stringBuilder.toString());
                return stringBuilder.toString();
            }
            return null;
        }
    }
```

从上面的编程过程可以看出,使用 Apache 的 HttpClient 更加简单,而且比

HttpURLConnection 提供了更多的功能。所以一般情况下，可以在项目中用 HttpClient 封装一些 Get、Post、下载、上传的接口，以供其他代码直接调用。

> **经验分享：**
>
> 在实现 Android 网络应用的开发过程中，需要特别留意两个问题：一个是网络流量的问题，另一个是网络连接可能不稳定的问题。
>
> 对于 Android 设备的上网方式，一般有 WiFi、3G、2G 几种方式。对于 WiFi 的用户，对于流量不会太在意。而对于 3G 甚至 2G 上网的用户来说，流量是关系到用户钱包的大问题。所以，对于整个应用的设计，就要充分考虑流量的问题，或者在项目后期做单独的优化工作。比如，如果应用中需要轮询服务器获取信息，那么就可以根据用户的上网方式自动调整轮询时间，为 3G、2G 的用户节省流量。这里只是举这样一个例子，具体的还要根据业务需求进行仔细挖掘。
>
> 用户使用 Android 设备，一般都是碎片时间，可能是在办公室，也可能是在乘坐公交车或者地铁，网络信号未必一直稳定，网络连接可能时断时续。设计网络应用的时候，就要充分考虑这种情况。一个是要考虑如何对网络连接异常进行处理，一个是要考虑网络恢复后如何处理。

8.4 耗时操作的通用方式—多线程与异步处理

Android 通过一个主线程对用户界面进行更新，这个线程是 UI 线程。如果程序不使用任何并发构建，则 Android 的所有代码都会在这个线程中运行。当在进行网络连接等比较耗时的操作时，如果此连接动作直接在主线程，也就是 UI 线程中处理，会发生什么情况呢？整个程序处于等待状态，界面似乎是"假死"掉了。如果 5 秒钟以上没有响应，系统就会弹出对话框提示是否要强制关闭应用。为了给用户更好的用户体验，必须把这个任务放置到单独线程中运行，避免阻塞 UI 线程，这样就不会对主线程有任何影响。

8.4.1 多线程和异步处理简介

一般的，网络请求都需要一定的时间，所以在网络开发的过程中会考虑使用多线程来实现网络请求，配合异步处理完成 UI 线程的更新。所以本小节详细介绍 Android 中的多线程和异步处理。

Android 实现多线程与异步处理一般有下面两种方式：
① Handler 方式。
② AsyncTask 类实现。

> **经验分享：**
> 　　一般的，如果应用程序需要大量地创建新的线程，就要考虑使用线程池了。使用线程池可以有效地管理线程。由于本小节主要介绍如何在 Android 网络应用中实现异步处理，所以就不对线程池做展开说明了。

8.4.2　Handler 方式

Handler 允许用户发送、处理消息及与线程的消息队列相关联的 runnable 对象。每一个 Handler 实例都与一个单独的线程相关联。每次创建一个新的 Handler 对象时，它都与创建该对象的线程或者该线程中的消息队列绑定在一起，这样 Handler 就可以发送消息和 runnable 对象到消息队列中，并在从消息队列中取出的时候处理它们，详细可以参考 4.3.1 小节。

下面是通过 Handler 来异步加载网络图片的完整例子：

```
// import 略
public class HandlerTest extends Activity {

    public static final int SHOW_PROGRESS = 0;
    public static final int REFRESH = 1;
    public static final int REMOVE_PROGRESS = 2;
    private ProgressBar mProgressBar;
    private ImageView img;
    private Button btn;
    private Bitmap mBitmap;

    private View.OnClickListener mOnClickListener = new View.OnClickListener() {
        @Override
        public void onClick(View v) {
            int id = v.getId();
            switch (id) {
            case R.id.download:
                sendMessage(SHOW_PROGRESS);
                Thread t =
```

Android 应用开发精解

```java
                new Thread(new Download("http://www.google.com/images/google_favicon_128.png"));
                // 开启一个线程下载图片
                t.start();
                break;
            }
        }
    };
    private Handler mHandler = new Handler() {
        @Override
        public void handleMessage(Message msg) {
            switch (msg.what) {
            case SHOW_PROGRESS:
                // 显示等待界面
                mProgressBar.setVisibility(View.VISIBLE);
                break;
            case REMOVE_PROGRESS:
                // 隐藏等待界面
                mHandler.removeMessages(SHOW_PROGRESS);
                mProgressBar.setVisibility(View.INVISIBLE);
                break;
            case REFRESH:
                // 更新 UI
                onRefresh();
                break;
            }
        }
    };

    protected void onRefresh() {
        if(mBitmap != null){
            // 更新 UI
            img.setImageBitmap(mBitmap);
        }
        // 隐藏等待界面
        sendMessage(REMOVE_PROGRESS);
    }

    protected final void sendMessage(int what) {
        mHandler.sendMessage(mHandler.obtainMessage(what));
    }

    @Override
```

```java
public void onCreate(Bundle savedInstanceState) {
    super.onCreate(savedInstanceState);
    setContentView(R.layout.handlertest_layout);
    img = (ImageView)findViewById(R.id.imgic);
    btn = (Button)findViewById(R.id.download);
    btn.setOnClickListener(mOnClickListener);
    mProgressBar = new ProgressBar(this);
    FrameLayout.LayoutParams params = new FrameLayout.LayoutParams(
            LayoutParams.WRAP_CONTENT, LayoutParams.WRAP_CONTENT);
    params.gravity = Gravity.CENTER;
    // 添加一个等待的 view
    addContentView(mProgressBar, params);
    // 开始时候设置为隐藏
    mProgressBar.setVisibility(View.INVISIBLE);
}

/**
 * 下载的线程
 */
public class Download implements Runnable {
    private String uri;
    public Download(String uri) {
        this.uri = uri;
    }
    @Override
    public void run() {
        try {
            URL  url = new URL(uri);
            HttpURLConnection conn
                        = (HttpURLConnection)url.openConnection();
            conn.setDoInput(true);
            conn.connect();
            InputStream inputStream = conn.getInputStream();
            mBitmap = BitmapFactory.decodeStream(inputStream);
            // 下载完成后,发送消息给主线程刷新 UI
            sendMessage(REFRESH);
        } catch (Exception e) {
            //
        }
    }
}
```

具体的 Layout 文件 handlertest_layout.xml 代码如下:

```xml
<?xml version="1.0" encoding="utf-8"?>
<LinearLayout xmlns:android="http://schemas.android.com/apk/res/android"
    android:orientation="vertical"
    android:layout_width="fill_parent"
    android:layout_height="fill_parent"
    android:background="@android:color/white">
    <Button
        android:id="@+id/download"
        android:layout_width="fill_parent"
        android:layout_height="wrap_content"
        android:text="开始下载图片" />
    <ImageView
        android:id="@+id/imgic"
        android:layout_width="fill_parent"
        android:layout_height="wrap_content"   />
</LinearLayout>
```

程序运行结果如图 8-3 所示。

图 8-3 异步加载网络图片的运行效果图

第8章 网络的时代—网络开发

> **经验分享：**
> 　　Message 是线程之间传递信息的载体，包含了对消息的描述和任意的数据对象。Message 中包含了两个额外的 int what 字段（该字段是用来区分每条信息）和一个 object 字段，这样在大部分情况下，使用者就不需要再做内存分配工作了。虽然 Message 的构造函数是 public 的，但是最好是使用 Message.obtain() 或 Handler.obtainMessage() 函数来获取 Message 对象，因为 Message 的实现中包含了回收再利用的机制，可以提高效率。

8.4.3　AsyncTask 类实现后台任务的处理

　　Android 提供了一个较线程更简单的处理多任务的方法——AsyncTask 异步任务类，相对于线程来说，AsyncTask 对于简单的任务处理更安全。AsyncTask 类是一个抽象类，使用时必须继承它并实现 doInBackground() 方法。

　　AsyncTask<Params，Progress，Result>使用 3 种泛型和可变参数类型 Params，Progress 和 Result。

- Params 启动任务执行的输入参数，比如 HTTP 请求的 URL。
- Progress 后台任务执行的百分比。
- Result 后台执行任务最终返回的结果，比如 String。

　　AsyncTask 主要有 3 个操作方法：

　　① doInBackground(Params...)，将在 onPreExecute 方法执行后马上执行，该方法运行在后台线程中。这里将主要负责执行那些很耗时的后台计算工作，例如网络获取图片，可以调用 publishProgress 方法来更新实时的任务进度。该方法是抽象方法，子类必须实现。

　　② onProgressUpdate(Progress...)，在 publishProgress 方法被调用后，UI thread 将调用这个方法从而在界面上展示任务的进展情况，例如刷新前台的图片。

　　③ onPostExecute(Result)，在 doInBackground 执行完成后，onPostExecute 方法将被 UI thread 调用，后台的计算结果将通过该方法传递到 UI thread。

　　下面看一个下载网页的例子。

　　首先建一个 layout 文件 asynctask_layout.xml。

<LinearLayout xmlns:android = "http://schemas.android.com/apk/res/android"
android:layout_width = "match_parent"
android:layout_height = "match_parent"
android:orientation = "vertical" >

```xml
<Button
    android:id = "@ + id/readWebpage"
    android:layout_width = "match_parent"
    android:layout_height = "wrap_content"
    android:onClick = "readWebpage"
    android:text = "Load Webpage" >
</Button>
<TextView
    android:id = "@ + id/TextView01"
    android:layout_width = "match_parent"
    android:layout_height = "match_parent"
    android:text = "Example Text" >
</TextView>
</LinearLayout>
```

下面建一个执行的 Activity。

```java
// import 略
public class AsyncTaskTest extends Activity {
    private TextView textView;
    @Override
    public void onCreate(Bundle savedInstanceState) {
        super.onCreate(savedInstanceState);
        setContentView(R.layout.asynctask_layout);
        textView = (TextView) findViewById(R.id.TextView01);
    }
    private class DownloadWebPageTask extends AsyncTask<String, Void, String>
    {
        @Override
        protected String doInBackground(String... urls) {
            String response = "";
            for (String url : urls) {
                // 循环的获取 Params 中的参数
                DefaultHttpClient client = new DefaultHttpClient();
                HttpGet httpGet = new HttpGet(url);
                try {
                    HttpResponse execute = client.execute(httpGet);
                    InputStream content = execute.getEntity().getContent();
                    BufferedReader buffer = new BufferedReader(
                        new InputStreamReader(content));
                    String s = "";
                    while ((s = buffer.readLine()) != null) {
                        response += s;
```

```
            }
        } catch (Exception e) {
            e.printStackTrace();
        }
    }
    return response;
}
@Override
protected void onPostExecute(String result) {
    // 更新 UI
    // 这里的参数是 doInBackground 返回过来的
    textView.setText(result);
    }
}
public void readWebpage(View view) {
    // 按钮的动作
    DownloadWebPageTask task = new DownloadWebPageTask();
    task.execute(new String[] { "http://www.baidu.com" });
}
```

> **经验分享:**
>
> 在使用 AsyncTask 中需要注意以下几点:
> ① AsyncTask 的实例必须在 UI thread 中创建。
> ② AsyncTask.execute 方法必须在 UI thread 中调用。
> ③ 不要手动调用 onPreExecute(), onPostExecute(Result), doInBackground(Params...), onProgressUpdate(Progress...)这几个方法。
> ④ 该 task 只能被执行一次,多次调用时将会出现异常。

8.5 轻量级的数据交换格式—JSON

8.5.1 客户端与服务器端的数据交互

在 Android 应用开发中,尤其是网络应用的开发,我们经常需要从网络上获取数据,而不仅仅从本地数据库或者本地文件中取得数据,这个时候就涉及客户端与服务器端的数据交互了。客户端如何需要与服务器端进行数据交互,就需要约定一种协议或者是数据交换格式。那么一般的，Android 客户端与服务器端进行数据交互有哪些方式呢？根据业务需求的不同，可能会选用不用的方式，通常有以下几种方式：

1. 基于 SOAP 的 Web 服务（Web Service）方式

Web 服务是一种面向服务的架构的技术，通过标准的 Web 协议提供服务，目的是保证不同平台的应用服务可以互动操作。

根据 W3C 的定义，Web 服务应当是一个软件系统，用以支持网络间不同机器的互动操作。网络服务通常是许多应用程序接口所组成的，它们通过网络，例如国际互联网的远程服务器端，执行客户所提交服务的请求。

Web 服务是基于 XML 和 HTTPS 的一种服务，其通信协议主要基于 SOAP，服务的描述通过 WSDL，通过 UDDI 来发现和获得服务的元数据。

2. 自定义 XML 数据格式的方式

除了使用标准的 SOAP 协议以外，项目组还可以自定义 XML 数据格式来传递数据。比如项目可以约定如下 XML 格式，用来传递用户的数据信息。

```
<request>
    <type>1</type>
    <id>100000</id>
    <name>jname</name>
    <state>1</state>
    ……
</request>
```

3. JSON 数据格式

JSON(Javascript Object Notation)是一种轻量级的资料交换语言，以文字为基础，易于让人阅读。尽管 JSON 是 Javascript 的一个子集，但 JSON 是独立于语言的文本格式的，可以使用于任何语言。

JSON 用于描述数据结构，有以下形式存在：

对象(object)：一个对象以"{"开始，并以"}"结束。一个对象包含一系列非排序的名称/值对，每个名称/值对之间使用","分割。

名称/值对(collection)：名称和值之间使用":"隔开，一般的形式是：

{name:value}

一个名称是一个字符串；一个值可以是一个字符串，一个数值，一个对象，一个布林值，一个有序列表或者一个 null 值。

值的有序列表(Array)：一个或者多个值用","分割后，使用"["、"]"括起来就形成了这样的列表，形如：

[collection，collection]

字符串：以""括起来的一串字符。

数值：一系列 0～9 的数字组合，可以为负数或者小数。还可以用"e"或者"E"表示为指数形式。

布尔值：表示为 true 或者 false。

下面的例子就能够清晰地说明 JSON 格式的结构。

```
{
    "firstName": "John",
    "lastName": "Smith",
    "male": true,
    "age": 25,
    "address":
    {
        "streetAddress": "21 2nd Street",
        "city": "New York",
        "state": "NY",
        "postalCode": "10021"
    },
    "phoneNumber":
    [
        {
            "type": "home",
            "number": "212 555 - 1234"
        },
        {
            "type": "fax",
            "number": "646 555 - 4567"
        }
    ]
}
```

8.5.2　XML 格式与 JSON 格式的比较

无论是 Web 服务的方式，还是自定义 XML 的方式，都是以 XML 格式为基础的。如今 JSON 数据格式已经在网络开发中越来越流行了，在很多场合都可以取代 XML 格式，这主要是因为 JSON 更适合网络数据的传输。那么，具体的，JSON 数据格式与 XML 数据格式相比较，都有哪些优缺点呢？

使用 XML 作为传输格式的优势：
① 格式统一，符合标准。
② 容易与其他系统进行远程交互，数据共享比较方便。

使用 XML 格式的缺点：
① XML 文件格式文件庞大，格式复杂，传输占用带宽。

② 服务器端和客户端都需要花费大量代码来解析 XML，不论服务器端和客户端代码变的异常复杂和不容易维护。

③ 客户端不同浏览器之间解析 XML 的方式不一致，需要重复编写很多代码。

④ 服务器端和客户端解析 XML 花费资源和时间。

使用 JSON 格式的优点：

① 数据格式比较简单，易于读写，格式都是压缩的，占用带宽小。

② 易于解析这种语言，客户端 JavaScript 可以简单地通过 eval() 进行 JSON 数据的读取。

③ 支持多种语言，包括 ActionScript、C、C♯、ColdFusion、Java、JavaScript、Perl、PHP、Python、Ruby 等语言服务器端语言，便于服务器端的解析。

④ 在 PHP 世界，已经有 PHP-JSON 和 JSON-PHP 了，便于 PHP 序列化后的程序直接调用。PHP 服务器端的对象、数组等能够直接生成 JSON 格式，便于客户端的访问提取。

⑤ 因为 JSON 格式能够直接为服务器端代码使用，大大简化了服务器端和客户端的代码开发量，但是完成的任务不变，且易于维护。

使用 JSON 格式的缺点：

① 没有 XML 格式使用广泛，比 XML 通用性差。

② JSON 格式目前在 Web Service 中推广还属于初级阶段。

通过上面的对比可以看出，JSON 是一种轻量级的数据交换格式，具有良好的可读和便于快速编写的特性，可以在不同平台间进行数据交换。为了节省内存，提高响应速度，在 Android 网络应用的开发中比较适合使用 JSON 格式。

8.5.3 解析 JSON 格式数据

Android SDK 有一个包直接支持 JSON 格式的数据解析，都在 org.json 下，主要有以下几个类：

1) JSONObject

可以看作是一个 JSON 对象。这是系统中有关 JSON 定义的基本单元，其包含一对儿(Key/Value)数值。

2) JSONStringer

JSON 文本构建类可以帮助快速、便捷地创建 JSON text。其最大的优点在于可以减少由于格式的错误导致程序异常，引用这个类可以自动严格按照 JSON 语法规则(syntax rules)创建 JSON text。每个 JSONStringer 实体只能对应创建一个 JSON text。

3) JSONArray

它代表一组有序的数值。将其转换为 String 输出所表现的形式是用方括号包裹，数值以逗号","分隔(例如：[value1,value2,value3]，读者可以亲自利用简短的代码更加直观地了解其格式)。

4) JSONTokener

JSON 解析类。

5) JSONException

JSON 解析过程中可能发生的异常。

下面通过代码来说明如何在 Android 中对 JSON 数据进行解析。

假设已经可以从服务器端获取数据了,而且返回的 JSON 数据如下:

```
{"FLAG":"flag",
"jobject":[
{"id":"100000","name":"jname","state":1},
{"id":"200000","name":"jname","state":2}]}
```

下面的代码片段举例说明如何解析出 FLAG 对象和 jobject 对象。

```java
/**
 * 对 JSON 格式数据进行解析
 */
public void readJSON(String str){
    try {
        // 转换为 JSONObject
        JSONObject result = new JSONObject(str);
        Log.d("readJSON", "FLAG = " + result.getString("FLAG"));
        // 获取 JSONArray 数组
        JSONArray jsonArray = result.getJSONArray("jobject");
        Log.d("readJSON","Number of entries " + jsonArray.length());
        for (int i = 0; i < jsonArray.length(); i++) {
            JSONObject jsonObject = jsonArray.getJSONObject(i);
            Log.d("readJSON","id = " + jsonObject.getString("id"));
            Log.di("readJSON","name = " + jsonObject.getString("name"));
            Log.d("readJSON","state = " + jsonObject.getString("state"));
        }
    } catch (Exception e) {
        e.printStackTrace();
    }
}
```

下面的代码片段说明了如何简单的构造一个 JSON 串。

```java
/**
 * 构造一个 JSON 格式的数据
 */
public String writeJSON() {
```

Android 应用开发精解

```
JSONObject object = new JSONObject();
try {
    object.put("id", "100000");
    object.put("name", "jname");
    object.put("state", new Integer(1));
} catch (JSONException e) {
    e.printStackTrace();
}
Log.d("writeJSON", object.toString());
return object.toString();
}
```

构造好的JSON串可以通过POST方式发送给服务器端,服务器端再进行解析,执行后续的业务流程。

图8-4展示了上面的示例代码的运行结果。

```
readJSON          FLAG = flag
readJSON          Number of entries 2
readJSON          id = 100000
readJSON          name = jname
readJSON          state = 1
readJSON          id = 200000
readJSON          name = jname
readJSON          state = 2
writeJSON         {"state":1,"id":"100000","name":"jname"}
```

图 8-4 JSON 读写结果图

通过上面的例子可以看出,在Android开发中,使用JSON格式的数据与服务器端交互还是非常方便的。

经验分享:

　　无论是采用JSON格式,还是自定义XML格式,客户端与服务器端传输的数据都是明文的,这样并不安全。所以,如果项目对数据安全性有一定的要求,务必要考虑做加密解密的工作。

　　另外,由于Android的APK包很容易被反编译,如果单纯使用Java来实现加密解密的代码,就很容易泄露具体算法。所以,如果项目中涉及加密解密的操作,可以考虑使用JNI方式去做,这样被破解的可能性就小很多了。

第 9 章
多语言环境的支持和多屏幕的适配

资源是在代码中使用到的,并且编译时被打包进应用程序的附加文件。出于加载效率的考虑,资源被从代码中分离出来,而且 XML 文件被编译进二进制代码中。在 Android 中,程序代码可以不直接和资源发生关系,而是通过 R 文件提供的索引来间接地引用某一个资源。Android 系统会自动根据用户当前的环境和屏幕分辨率情况,自动选用最合适的资源。正是基于 Android 系统这种独特的处理方式,开发者可以编写多套资源文件,从而很方便地实现多语言环境的支持和多种屏幕的适配。

本章将详细说明 Android 程序的资源结构,以及具体如何适配多语言环境和多种屏幕。

9.1 Android 程序的资源文件

9.1.1 资源文件的目录结构

资源是外部文件(即非代码文件),它在代码中被使用,是在编译的时候加载到应用程序的。Android 支持很多种不同类型的资源文件,包括 XML、PNG 和 JPEG 等文件。在 Eclipse 的工程中,res 目录有默认几项 resource,比如:

① res/drawable/——图像类型的资源文件。
② res/layout/——可被编译成屏幕布局(部分布局)的 XML 文件。
③ res/values/——可被编译成多种类型的资源的 XML 文件。文件可以命名为任何名字,这个文件夹有一些经典的文件(一般约定以文件中定义的元素名称来给文件命名):

- arrays.xml 定义数组。
- colors.xml 定义颜色和颜色字符串值,分别用 Resources.getDrawable() 和 Resources.getColor() 方法获取这些资源。

➢ dimens.xml 定义尺寸数据,可以用 Resources.getDimension()方法取得这些资源。
➢ strings.xml 定义字符串值,可以用 Resources.getString()或者 Resources.getText()方法来获取这些资源。其中,getText()方法将保留任何丰富的通常在 UI 中描述的文字样式。
➢ styles.xml 定义样式对象。

④ res/menu/——菜单对象的 XML 文件,可以通过重载 Activity 类的 onCreateOptionsMenu()方法,使用"MenuInflater inflater = getMenuInflater();inflater.inflate(R.menu.menu,menu;"代码片段来获取。

⑤ res/anim/——XML 文件,被编译成逐帧动画或者是补间动画的对象。

⑥ res/xml/——用来放置 style、theme 等 xml 文件的定义。也可放置任何 XML 文件,在运行时可通过 Resources.getXML()方法读取。

⑦ res/raw/——存放任何被直接复制到设备上的文件。在程序被编译时,它们直接加到压缩文件中。在应用程序中可以通过用 Resources.openRawResource(id)方法来获取资源,id 的形式为:R.raw.filename。

所有资源都会被编译到最终的 APK 文件里。Android 会自动创建一个类——R.java,这样你在代码中可以通过它关联到对应的资源文件。R.java 中包含的子类的命名由资源的路径和文件的名称决定。

经验分享:

上述 res/values/目录下的文件命名(arrays.xml、colors.xml 等)只是 Android 官方推荐的名称。实际上,无论文件如何命名,比如命名为 my.xml,也都是可以的。

另外,如果项目工程较大,包含很多的模块,就可以考虑以模块化的方式配置资源文件。比如整个项目用到的字符串,可以根据模块划分,命名为"模块1简称_strings.xml"、"模块2简称_strings.xml"等,这样方便以后的维护。

9.1.2 资源文件目录的修饰语

Android 通过检测硬件和语言的设置去加载特定的资源文件。用户可以在系统的设置中设置系统的语言。为了包含各种替代资源,需要在同一目录下创建并行的文件夹,并且在每个文件夹名字后面加上相应的指定,说明它使用的配置(如语言、屏幕的方向等)。例如,下面是一个工程中包含一个字符串资源,一个是英文版的,一个

第9章　多语言环境的支持和多屏幕的适配

是法文版的：

```
res/
---->values-en/
--------------->strings.xml
---->values-fr/
--------------->strings.xml
```

当 Android 检测到系统语言为英文的时候,就会自动去查找资源文件中最符合的资源来给代码调用,这里将会调用 values-en/strings.xml;当系统语言为法文的时候,则调用 values-fr/strings.xml。

既然存在多种替代资源,这里就会有 Android 加载资源文件的步骤的问题。所有的资源文件名都可以加上一个或多个修饰语,在调用资源的时候,系统通过检测硬件和语言的设置一层一层地筛选,找出最匹配的资源返回。Android 系统支持很多种不同类型的修饰语,把修饰语加在资源文件夹名字的后面,通过破折号隔开。并可以将多个修饰语加在文件夹的后面,但是它们必须按照规定的顺序出现。例如,一个文件夹包含图像资源,并且完全指定出所有配置,如下所示：

res/drawable-en-rUS-port-160dpi-finger-keysexposed-qwerty-dpad-480x320/

当然,可以只指定一部分配置项,而将其他修饰语删除掉,只要将剩下的修饰语保留正确的顺序就可以。

下面按照顺序来对这些修饰语进行详细说明,请参考表9-1。

表9-1 资源文件目录的修饰语

修饰语	值
语言	两个小写字母参照 ISO 639-1 标准。例如:en,fr,es
地区	一个小写字母加两个大写字母,参照 ISO 3166-1-alpha-2 标准 例如:rUS,rFR,rES
屏幕方向	Port(竖屏),land(横屏),square
屏幕像素	92 dpi,108 dpi 等
触摸屏类型	Notouch(不支持触屏),stylus(手写笔),finger(手指触摸)
键盘是否可用	Keysexposed(可用),keyshidden(不可用)
文本输入模式	Nokeys(无键盘),qwerty(标准传统键盘),12key(12 个键)
导航模式	Nonav,dpad,trackball,wheel
屏幕分辨率	320×240,800×480 等。大分辨率需要开始声明

上面的这个列表不包含设备的特殊参数,如载体、商标、设备/硬件、制造商。任何应用程序需要知道的设备信息,都在上面表格中的资源修饰语里。

下面是一些通用的关于资源目录的命名规范：

- 各个变量用破折号分开(每个基本的目录名后跟一个破折号)。
- 变量是区分大小写的(所有变量名的大小写必须保持一致),例如,一个 drawable 的目录必须命名为 drawable-port,而不是 drawable-PORT。
- 不能有两个目录命名为 drawable-port 和 drawable-PORT,即使故意将 "port"和"PORT"指向不同的参数值。
- 同一类型的修饰语在一个文件名中只能出现一次(不能这样命名 drawable-rENrFR)可以指定多个参数来定义具体的配置,但参数必须保持上面表格中的顺序。例如,drawable-en-rUS-land 指在 US-English 的设备上使用。
- Android 会试图找到最适合当前配置的目录。
- 表格里所有参数的顺序是用来防止多个合格目录的事件发生。
- 所有的目录,无论是否合格,都是放在 res/目录下的。合格的目录是不能嵌套的(不能这样写 res/drawable/drawable-en)。
- 所有的资源将在代码或简单的资源引用语法,不加修饰的名字。因此,如果一个资源被命名为:"res/drawable-port-92dp/myimage.png",那么它可以这样被引用:

R.drawable.myimage(在代码中)
@drawable/myimage(在 XML 文件中)

9.1.3 程序加载资源文件的步骤

既然有如此繁多的资源文件,那么如何来对它们进行分类,并且做到国际化和本地化呢?这里,必须先了解 Android 加载资源文件的步骤。

Android 将挑选哪些资源文件在运行时会被使用,这取决于当前的配置。选择过程如下:

1) 先找出包含匹配的资源的所有文件夹

比如用到了资源 myimage.png,而有下面的 4 个文件夹都包含这个资源:

res/drawable/myimage.png
res/drawable-en/myimage.png
res/drawable-port/myimage.png
res/drawable-port-92dpi/myimage.png

2) 清除所有不符合当前设备配置的资源

例如,如果当前屏幕的像素是 108 dpi,那么将清除 res/drawable-port-92dpi/,剩余下面的目录:

res/drawable/myimage.png
res/drawable-en/myimage.png
res/drawable-port/myimage.png

第 9 章　多语言环境的支持和多屏幕的适配

当前语言是 en-GB，屏幕方向是 port，那么有两个符合配置的选项：res/drawable-en/ 和 res/drawable-port/，目录 res/drawable/ 将被清除，因为它和当前的配置没有任何属性相同，而其他两个文件有一个和配置文件相同的属性。此时剩余下面的目录：

res/drawable-en/myimage.png
res/drawable-port/myimage.png

3) 如果还有多个目录存在，则根据配置的优先级选取最终的资源文件

上面表格的修饰语就是按照优先级来写的。也就是说，语言的优先级比屏幕方向的优先级高，所以这个例子通过语言环境来优先选择 res/drawable-en/ 目录。最终只剩下下面的目录，系统会在此目录下选择文件。

res/drawable-en/myimage.png

9.2　国际化和本地化的支持

Internationalization（国际化）简称 i18n，因为在 i 和 n 之间还有 18 个字符。Localization（本地化），简称 L10n。国际化和本地化有一个通用的标准，一般的，在说明一个地区的语言时，用"语言_地区"的形式，比如 zh_CN、zh_TW 等。

Android 系统对 i18n 和 L10n 提供了非常好的支持。Android 没有专门的 API 来提供国际化，而是通过对不同 resource 的命名来达到国际化的目的。同时，这种命名方法还可用于对硬件的区分，比如不同的新视屏，使用不同的图片资源。

比如有两个 string.xml 的资源文件，分别在 res\values 目录下和 res\values-zh 目录下。

1) res\values\string.xml

```
<? xml version = "1.0" encoding = "utf-8"? >
<resources>
<string name = "hello">Hello, Test! </string>
</resources>
```

2) res\values-zh\string.xml

```
<? xml version = "1.0" encoding = "utf-8"? >
<resources>
<string name = "hello">你好,测试</string>
</resources>
```

在代码中调用：

String hello = getResources().getStringArray(R.string.hello);

如果系统的语言是中文的情况下，hello 的值是"你好，测试"；在其他情况下，hello 的值是"Hello，Test！"。

从以上的示例可以看到，只要简单地通过对资源目录进行适当的命名，就可以实现应用程序的国际化。

经验分享：

需要国际化的内容，一般包括所有文字信息（包括带有文字的图片）。

一般的，在实际项目中，国际化的工作是另外一个团队完成的。所以，开发人员在开发过程中，务必不要在代码中直接硬编码可能需要国际化的内容，而是将这些内容统统都写到资源文件中，在代码中通过资源的 ID 进行引用。这样，国际化团队只需要对部分资源文件进行国际化即可。

国际化过程还有一个难点是，国际化以后，由于不同语言的字符长度串不同，UI 布局可能有所改变，这就需要国际化以后仔细的进行测试。

9.3 多屏幕的适配

9.3.1 屏幕参数的基本概念

Android 手机屏幕大小不一，有 480×320、640×360、800×480 等，还包括不同屏幕密度,怎样才能让应用程序自动适应不同的屏幕呢？

首先了解几个基本概念：

1）屏幕尺寸 Screen size

即显示屏幕的实际大小，按照屏幕的对角线进行测量。

为简单起见，Android 把所有的屏幕大小分为 4 种尺寸：小、普通、大、超大（分别对应：small、normal、large、extra large）。

应用程序可以为这 4 种尺寸分别提供不同的自定义屏幕布局，平台将根据屏幕实际尺寸选择对应布局进行渲染，这种选择对于程序是透明的。

2）屏幕长宽比 Aspect ratio

长宽比是屏幕的物理宽度与物理高度的比例关系。应用程序可以通过使用限定的资源来为指定的长宽比提供屏幕布局资源。

3）屏幕分辨率 Resolution

在屏幕上显示的物理像素总和。需要注意的是：尽管分辨率通常用宽×高表示，但分辨率并不意味着具体的屏幕长宽比。在 Andorid 系统中，应用程序不直接使用

第9章 多语言环境的支持和多屏幕的适配

分辨率。

4)密度 Density

根据像素分辨率,在屏幕指定物理宽高范围内能显示的像素数量。

在同样的宽高区域,低密度的显示屏能显示的像素较少,而高密度的显示屏则能显示更多的像素。

屏幕密度非常重要,因为其他条件不变的情况下,一共宽高固定的 UI 组件(比如一个按钮)在低密度的显示屏上显得很大,而在高密度显示屏上看起来就很小。

5)设备独立像素 Density-independent pixel (dp 和 sp)

应用程序可以用来定义 UI 组件的虚拟像素单元,通过密度无关的方式来描述布局尺寸和位置。

一个设备独立像素相当于一个 160 dpi 屏幕上的物理像素。

在程序运行时,系统根据屏幕的实际密度透明的要求处理任何需要缩放的设备的独立像素单元,设备独立像素转换成屏幕实际像素的换算很简单:pixels = dpi×(density / 160)。

例如在 240 dpi 的屏幕上,1 个设备独立像素等于 1.5 物理像素。为确保 UI 组件在不同的屏幕都能合适地展示,强烈建议像素单位都使用 dpi,文本单位使用 sp 来定义应用程序 UI。

9.3.2 屏幕参数的各种单位及相互转换

前面介绍了屏幕参数的基本概念,开发中可以参考 SDK 会发现 Android 设备有各种单位的密度和尺寸等。

先看下面的一段获取屏幕信息的示例代码。

```
DisplayMetrics metrics = new DisplayMetrics();
Display display = activity.getWindowManager().getDefaultDisplay();
display.getMetrics(metrics);
metrics.density;//显示的逻辑分辨率,160dpi==1,240dpi==1.5(高分辨率)
metrics.heightPixels;//屏幕绝对高度
metrics.widthPixels;//屏幕绝对宽度
metrics.densityDpi;//表示 1 英寸里有多少个 px
metrics.xdp;// 宽度上 1 英寸里有多少个 px
metrics.ydpi;// 高度上实际物理像素
```

从上述代码可以看到像素、密度等单位,下面说明它们的意义。

- px:是屏幕的像素点。
- in:1 英寸=25.4 毫米。
- mm:毫米。
- pt:1 磅= 1/72 英寸。

- dp：一个基于 density 的抽象单位，如果一个 160dpi 的屏幕，1 dp＝1 px。
- dip：等同于 dp。
- sp：同 dp 相似，但还会根据用户的字体大小偏好来缩放。
- Dpi：值表示 1 英寸里有多少个 px。

下面给出一个方法来对它们之间进行转换。

```
public float applyDimension(int unit,float value,DisplayMetrics metrics)
{
  float ret = 0f;
  switch (unit) {
   case TypedValue.COMPLEX_UNIT_PX://像素
    ret = value;
    break;
   case TypedValue.COMPLEX_UNIT_DIP://像素转成dip
    ret = value * metrics.density;
    break;
   case TypedValue.COMPLEX_UNIT9_SP://像素转成文本的单位
    ret = value * metrics.scaledDensity;
    break;
   case TypedValue.COMPLEX_UNIT_PT://像素转成磅
    ret = value * metrics.xdpi * (1.0f/72);
    break;
   case TypedValue.COMPLEX_UNIT_IN://像素转成英寸
    ret = value * metrics.xdpi;
    break;
   case TypedValue.COMPLEX_UNIT_MM://像素转成毫米
    ret = value * metrics.xdpi * (1.0f/25.4f);
    break;
  }
  return ret;
}
```

9.3.3 处理屏幕自适应的方法

Android 会对资源包下的图片进行合理的缩放。例如：一张 240×240 高密度图片，显示在中密度的屏幕上，图片大小自动变为 160×160。对于需要自适应的图片一般放在不同的文件下，如：

- drawable-ldpi 存放低分辨率的图片，如 QVGA(240×320)
- drawable-mdpi 存放中等分辨率的图片，如 HVGA(320×480)；
- drawable-hdpi 高分辨率的图片，如 WVGA(480×800)、FWVGA(480×854)。

第9章 多语言环境的支持和多屏幕的适配

如果不想系统自动缩放图片,则可以建立一个 res/drawable-nodpi 文件夹存放图片。如果只在 drawable 文件夹下存放了图片,那么在高分辨率的屏幕手机中,图片的宽和高将会被放大 1.5 倍。

下面是 Android 提供 3 种方式处理屏幕自适应方法:

(1) 预缩放的资源(基于尺寸和密度去寻找图片)
- 如果找到相应的尺寸和密度,则利用这些图片进行无缩放显示。
- 如果没法找到相应的尺寸而找到密度,则认为该图片尺寸为 medium,利用缩放这个图片显示。
- 如果都无法匹配,则使用默认图片进行缩放显示。默认图片标配 medium (160)。

(2) 自动缩放的像素尺寸和坐标(密度兼容)
- 如果应用程序不支持不同密度 Android:anyDensity="false",则系统自动缩放图片尺寸和这个图片的坐标。
- 对于预缩放的资源,当 Android:anyDensity="false"时,也不生效。
- Android:anyDensity="false",只对密度兼容起作用,尺寸兼容没效果。

(3) 兼容模式显示在大屏幕,尺寸(尺寸兼容)
- 对于在＜supports-screens＞声明不支持的大屏幕,而这个屏幕尺寸是 normal 的话,系统使用尺寸为("normal")和密度为("medium")显示。
- 对于在＜supports-screens＞声明不支持的大屏幕,而这个屏幕尺寸是 larger 的话,系统同样使用尺寸为("normal")和密度为("medium")显示。

经验分享:

Android 多屏幕机制在 Android 1.6 或以上 SDK 的版本中是默认设置,也就是说在配置文件 AndroidManifest.xml 中如果设置＜uses-sdk Android:minSdkVersion="4"/＞才对多屏幕有效,如果不设置,那么默认的话是不支持的。

或者,也可以在 AndroidManifest.xml 中添加以下代码,效果也是等同的。

```
＜supports-screens
Android:largeScreens = "true"      // 是否支持大屏
Android:normalScreens = "true"     // 是否支持中屏
Android:smallScreens = "true"      // 是否支持小屏
Android:anyDensity = "true"        // 是否支持多种不同密度
/＞
```

9.3.4 详细说明 Density

Density 值表示每英寸有多少个显示点，与屏幕分辨率是两个概念。HVGA 屏 density=160；QVGA 屏 density=120；WVGA 屏 density=240；WQVGA 屏 density=120。

apk 的资源包中，当屏幕 density=240 时，使用 hdpi 标签的资源；当屏幕 density=160 时，使用 mdpi 标签的资源；当屏幕 density=120 时，使用 ldpi 标签的资源。

不加任何标签的资源，是各种分辨率情况下共用的。

例如：有如下图片资源：

```
res\drawable-nodpi
--------------->logonodpi120.png  (75×75)
--------------->logonodpi160.png  (100×100)
--------------->logonodpi240.png  (150×150)
res\drawable-ldpi
--------------->logo120dpi.png    (75×75)
res\drawable
--------------->logo160dpi.png    (100×100)
res\drawable-hdpi
--------------->logo240dpi.png    (150×150)
```

其中 3 种图片资源的实际大小如图 9-1 所示。

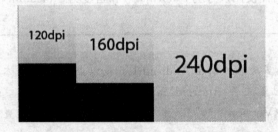

图 9-1　3 种图片资源的大小

运行以下示例代码：

```java
// import 略
public class DensityActivity extends Activity {

    @Override
    protected void onCreate(Bundle savedInstanceState) {
        super.onCreate(savedInstanceState);
        this.setTitle(R.string.density_title);
        LinearLayout root = new LinearLayout(this);
```

第 9 章 多语言环境的支持和多屏幕的适配

```java
        root.setOrientation(LinearLayout.VERTICAL);
        LinearLayout layout = new LinearLayout(this);

        layout = new LinearLayout(this);
        addResourceDrawable(layout, R.drawable.logo120dpi);
        addResourceDrawable(layout, R.drawable.logo160dpi);
        addResourceDrawable(layout, R.drawable.logo240dpi);
        addLabelToRoot(root, "dpi bitmap");
        addChildToRoot(root, layout);

        layout = new LinearLayout(this);
        addResourceDrawable(layout, R.drawable.logonodpi120);
        addResourceDrawable(layout, R.drawable.logonodpi160);
        addResourceDrawable(layout, R.drawable.logonodpi240);
        addLabelToRoot(root, "No-dpi resource drawable");
        addChildToRoot(root, layout);

        setContentView(root);
    }


    private void addLabelToRoot(LinearLayout root, String text) {
        TextView label = new TextView(this);
        label.setText(text);
        root.addView(label,
    new LinearLayout.LayoutParams(LinearLayout.LayoutParams.MATCH_PARENT,
                LinearLayout.LayoutParams.WRAP_CONTENT));
    }


    private void addChildToRoot(LinearLayout root, LinearLayout layout) {
        root.addView(layout,
    new LinearLayout.LayoutParams(LinearLayout.LayoutParams.MATCH_PARENT,
                LinearLayout.LayoutParams.WRAP_CONTENT));
    }


    private void addResourceDrawable(LinearLayout layout, int resource) {
        View view = new View(this);
        final Drawable d = getResources().getDrawable(resource);
        view.setBackgroundDrawable(d);
        view.setLayoutParams(
                        new LinearLayout.LayoutParams(d.getIntrinsicWidth(),
                                                d.getIntrinsicHeight()));
        layout.addView(view);
```

    }
}
```

运行以上代码,可以看到如图9-2所示的实际效果。

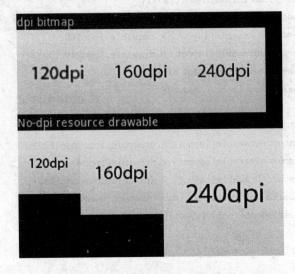

图9-2 程序运行的实际效果图

> **经验分享**:
>
> 4种屏幕尺寸分类:small、normal、large 和 xlarge。
>
> 4种密度分类:ldpi(low)、mdpi(medium)、hdpi(high)和 xhdpi(extra high)。
>
> 需要注意的是:xhdpi 是从 Android2.2(API Level 8)才开始增加的分类。
>
> xlarge 是从 Android 2.3(API Level 9)才开始增加的分类。
>
> 一般情况下的普通屏幕:ldpi 是 120,mdpi 是 160,hdpi 是 240,xhdpi 是 320。
```

第 10 章
利用手机特性—结合硬件进行开发

Android 手机支持多种硬件特性以提供更好的用户体验。通过 Android SDK，应用程序可以很方便地实现触摸和手势、短信和电话、定位、拍照和摄像、传感器等各种硬件特性。

本章介绍这些常用的硬件特性，并展示如何将它们集成到用户的应用程序中。

10.1 炫酷的人机交互—触摸和手势

10.1.1 实现滑动翻页—使用 ViewFlipper

有一些场景需要向用户展示一系列的页面。比如正在开发一个看漫画的应用，可能就需要向用户展示一张一张的漫画图片，用户使用手指滑动屏幕，可以在前一幅漫画和后一幅漫画之间切换。图 10-1 就展示了如何在手机设备上使用手指从右向左滑动，查看下一幅图片。

如果希望实现手指滑动的翻页，ViewFlipper 就是一个很好的选择。下面详细介绍如何使用 ViewFlipper 实现滑动翻页的效果。

1. View 切换的控件—ViewFlipper 介绍

ViewFlipper 类继承于 ViewAnimator 类。而 ViewAnimator 类继承于 FrameLayout。

查看 ViewAnimator 类的源码可以看出此类的作用主要是为其中的 View 切换提供动画效果。

图 10-1 使用手指从右向左滑动

该类有如下几个和动画相关的方法,详细说明请参考表 10-1。

表 10-1 ViewAnimator 类的几个常用的方法

方法	返回值	说明
setInAnimation(Animation inAnimation)	void	设置 View 进入屏幕时候使用的动画。参数是 Animation 对象
setInAnimation(Context context, int resourceID)	void	设置 View 进入屏幕时候使用的动画。参数是定义的 Animation 文件的 resourceID
setOutAnimation(Animation outAnimation)	void	设置 View 退出屏幕时候使用的动画。使用方法和 setInAnimation 方法一样
setOutAnimation(Context context, int resourceID)	void	设置 View 退出屏幕时候使用的动画。使用方法和 setInAnimation 方法一样
showNext()	void	调用该方法可以显示 FrameLayout 里面的下一个 View
showPrevious()	void	调用该方法可以来显示 FrameLayout 里面的上一个 View

查看 ViewFlipper 的源码可以看到,ViewFlipper 主要用来实现 View 的自动切换。该类提供了几个主要的方法,详情请参考表 10-2。

表 10-2 ViewFlipper 类的几个常用的方法

方法	返回值	说明
setFlipInterval(int milliseconds)	void	设置 View 切换的时间间隔。参数为毫秒
startFlipping()	void	开始进行 View 的切换,时间间隔是上述方法设置的间隔数。切换会循环进行
stopFlipping()	void	停止 View 切换
setAutoStart(boolean autoStart)	void	设置是否自动开始。如果设置为 true,当 ViewFlipper 显示的时候 View 的切换会自动开始

一般情况都使用 ViewFilpper 类实现 View 的切换,而不使用它的父类 ViewAnimator 类。

2. 实现滑动—GestureDetector 介绍

如果想要实现滑动翻页的效果,就要了解另外一个类:android.view.GestureDetector 类。GestureDetector 类中可以用来检测各种手势事件。该类有两个回调接口,分别用来通知具体的事件。具体请参考表 10-3。

第 10 章　利用手机特性—结合硬件进行开发

表 10 – 3　GestureDetector 类的接口

接　口	说　明
GestureDetector.　OnDoubleTapListener	用来通知 DoubleTap 事件,类似于 PC 上面的鼠标的双击事件
GestureDetector.　OnGestureListener	用来通知普通的手势事件,该接口有 6 个回调方法,具体的可以查看 API。这里想要实现滑动的判断,就需要用到其中的 onFling()方法

3. 具体的实现

下面的代码片段详细说明了如何实现滑动翻页。

```
// import 略
public class ViewFlipperActivity extends Activity implements OnGestureListener {

    private static final int FLING_MIN_DISTANCE = 100;
    private ViewFlipper flipper;
    private GestureDetector detector;

    @Override
    protected void onCreate(Bundle savedInstanceState) {
        super.onCreate(savedInstanceState);
        setContentView(R.layout.viewflipper);
        // 注册一个 GestureDetector
        detector = new GestureDetector(this);
        flipper = (ViewFlipper) findViewById(R.id.ViewFlipper);
        ImageView image1 = new ImageView(this);
        image1.setBackgroundResource(R.drawable.image1);
        // 增加第一个 view
        flipper.addView(image1);
        ImageView image2 = new ImageView(this);
        image2.setBackgroundResource(R.drawable.image2);
        // 增加第二个 view
        flipper.addView(image2);
    }

    @Override
    public boolean onTouchEvent(MotionEvent event) {
        // 将触屏事件交给手势识别类处理
        return this.detector.onTouchEvent(event);
    }
```

```java
@Override
public boolean onDown(MotionEvent e) {
    return false;
}

@Override
public void onShowPress(MotionEvent e) {
}

@Override
public boolean onSingleTapUp(MotionEvent e) {
    return false;
}

@Override
public boolean onScroll(MotionEvent e1, MotionEvent e2, float distanceX,
        float distanceY) {
    return false;
}

@Override
public void onLongPress(MotionEvent e) {
}

@Override
public boolean onFling(MotionEvent e1, MotionEvent e2, float velocityX,
        float velocityY) {
    if (e1.getX() - e2.getX() > FLING_MIN_DISTANCE) {
        // 设置 View 进入和退出的动画效果
        this.flipper.setInAnimation(AnimationUtils.loadAnimation(this,
                R.anim.left_in));
        this.flipper.setOutAnimation(AnimationUtils.loadAnimation(this,
                R.anim.left_out));
        // 显示下一个 View
        this.flipper.showNext();
        return true;
    }
    if (e1.getX() - e2.getX() < -FLING_MIN_DISTANCE) {
        this.flipper.setInAnimation(AnimationUtils.loadAnimation(this,
                R.anim.right_in));
        this.flipper.setOutAnimation(AnimationUtils.loadAnimation(this,
                R.anim.right_out));
```

```
            // 显示前一个 View
            this.flipper.showPrevious();
            return true;
        }
        return false;
    }
}
```

这段代码里创建了两个 IamgeView（用来显示图片），加入到了 ViewFlipper 中。程序运行后，当用手指在屏幕上向左滑动时，则显示前一个图片；用手指在屏幕上向右滑动时，则显示下一个图片。实现滑动切换的主要代码都在 onFling() 方法中，用户按下触摸屏，快速移动后松开，就会触发这个事件。在这段代码示例中，对手指滑动的距离进行了计算，如果滑动距离大于 100 像素，就做切换动作，否则不做任何切换动作。

可以看到，onFling() 方法有 4 个参数，e1 和 e2 上面代码用到了，比较好理解。参数 velocityX 和 velocityY 是做什么用的呢？velocityX 和 velocityY 实际上是 X 轴和 Y 轴上的移动速度，单位是像素/秒。结合这两个参数可以判断滑动的速度，从而做更多的处理。

为了显示出滑动的效果，这里调用 ViewFlipper 的 setInAnimation() 和 setOutAnimation() 方法设置了 View 进入和退出的动画。对于动画的使用，前面章节已经讲过，这里不再赘述，也不再给出具体的 XML 文件代码了。

经验分享：

在 Xml 布局文件中，既可以设置像素 px，也可以设置 dp（或者 dip）。

一般情况下都会选择使用 dp，这样可以保证不同屏幕分辨率的手机上布局一致。但是在代码中，一般是无法直接使用 dp 的。

拿上面的代码为例，代码中定义了滑动的距离阈值为 100 像素，这就会导致不同分辨率的手机上效果有差别。比如在 240×320 的机型上和在 480×800 的机型上，想要切换 View，需要手指滑动的距离是不同的。所以，一般情况下，建议在代码中，也不要用像素，也用 dp。

那么既然无法直接用 dp，就需要从 px 转换成 dp 了。下面就提供一个应用类，可以在 px 和 dp 之间进行转换。

```
public class DensityUtil {

    /**
     * 根据手机的分辨率从 dp 的单位 转成为 px(像素)
```

```
         */
        public static int dip2px(Context context, float dpValue) {
            final float scale = context.getResources().getDisplayMetrics().density;
            return (int) (dpValue * scale + 0.5f);
        }

        /**
         * 根据手机的分辨率从 px(像素) 的单位 转成为 dp
         */
        public static int px2dip(Context context, float pxValue) {
            final float scale = context.getResources().getDisplayMetrics().density;
            return (int) (pxValue / scale + 0.5f);
        }
    }
```

有了这个应用类,在上面的代码示例中就可以用类似下面的代码了。

```
if (e1.getX() - e2.getX() > DensityUtil.dip2px(this, FLING_MIN_DISTANCE))
```

经验分享:
　　使用 ViewFlipper 可以实现 View 之间的切换,配合动画,已经可以实现出比较满意的效果。但是使用 ViewFlipper 有一个缺陷,就是 View 不会随着手指的拖动而移动(类似 Gallary 那样)。如果有这种需求,就需要自己去实现,或者使用开源的 ViewFlow(https://github.com/pakerfeldt/android-viewflow)来实现这种需求。不过作者经过项目的实践,觉得使用目前版本的 ViewFlow,滑动的效果还不够流畅,效果不是特别理想。

10.1.2　支持多个手指一起操作—实现多点触摸

　　多点触摸(MultiTouch),指的是允许计算机用户同时通过多个手指来控制图形界面的一种技术。与多点触摸技术相对应的就是单点触摸,单点触摸的设备已经有很多年了,小尺寸的有触模式的手机,大尺寸的最常见的就是银行里的 ATM 机和排

第 10 章　利用手机特性—结合硬件进行开发

队查询机等。

　　多点触摸技术在实际开发过程中用的最多的就是放大缩小功能。比如有一些图片浏览器就可以用多个手指在屏幕上操作,对图片进行放大或者缩小。再比如一些浏览器,也可以通过多点触摸放大或者缩小字体。图 10-2 展示了如何在手机设备上使用两个手指对图片进行放大缩小的操作。其实放大缩小也只是多点触摸的实际应用样例之一,有了多点触摸技术,在一定程度上就可以创新出更多的操作方式来,实现更酷的人机交互。

图 10-2　使用两个手指进行放大或者缩小

　　理论上,Android 系统本身可以处理多达 256 个手指的触摸,这主要取决于手机硬件的支持。当然,支持多点触摸的手机,也不会支持这么多点,一般是支持 2 个点或者 4 个点。对于开发者来说,编写多点触摸的代码与编写单点触摸的代码,并没有很大的差异。这是因为,Android SDK 中的 MotionEvent 类不仅封装了单点触摸的消息,也封装了多点触摸的消息,对于单点触摸和多点触摸的处理方式几乎是一样的。

　　在处理单点触摸中,一般会用到 MotionEvent.ACTION_DOWN、ACTION_UP、ACTION_MOVE,然后可以用一个 Switch 语句来分别进行处理。ACTION_DOWN 和 ACTION_UP 就是单点触摸屏幕,按下去和放开的操作,ACTION_

Android 应用开发精解

MOVE 就是手指在屏幕上移动的操作。

在处理多点触摸的过程中,还需要用到 MotionEvent.ACTION_MASK。一般使用 switch(event.getAction() & MotionEvent.ACTION_MASK)就可以处理处理多点触摸的 ACTION_POINTER_DOWN 和 ACTION_POINTER_UP 事件。代码调用这个"与"操作以后,当第二个手指按下或者放开,就会触发 ACTION_POINTER_DOWN 或者 ACTION_POINTER_UP 事件。

下面以一个实际的例子来说明如何在代码中实现多点触摸功能。这里载入一个图片,然后可以通过一个手指对图片进行拖动,也可以通过两个手指的滑动实现图片的放大缩小功能。

```java
// import 略
public class ImageViewerActivity extends Activity implements OnTouchListener {

    private ImageView mImageView;
    private Matrix matrix = new Matrix();
    private Matrix savedMatrix = new Matrix();
    private static final int NONE = 0;
    private static final int DRAG = 1;
    private static final int ZOOM = 2;
    private int mode = NONE;
    // 第一个按下的手指的点
    private PointF startPoint = new PointF();
    // 两个按下的手指的触摸点的中点
    private PointF midPoint = new PointF();
    // 初始的两个手指按下的触摸点的距离
    private float oriDis = 1f;

    @Override
    protected void onCreate(Bundle savedInstanceState) {
        super.onCreate(savedInstanceState);
        this.setContentView(R.layout.imageviewer);
        mImageView = (ImageView) this.findViewById(R.id.imageView);
        mImageView.setOnTouchListener(this);
    }

    @Override
    public boolean onTouch(View v, MotionEvent event) {
        ImageView view = (ImageView) v;

        // 进行与操作是为了判断多点触摸
        switch (event.getAction() & MotionEvent.ACTION_MASK) {
```

```
case MotionEvent.ACTION_DOWN:
    // 第一个手指按下事件
    matrix.set(view.getImageMatrix());
    savedMatrix.set(matrix);
    startPoint.set(event.getX(), event.getY());
    mode = DRAG;
    break;
case MotionEvent.ACTION_POINTER_DOWN:
    // 第二个手指按下事件
    oriDis = distance(event);
    if (oriDis > 10f) {
        savedMatrix.set(matrix);
        midPoint = middle(event);
        mode = ZOOM;
    }
    break;
case MotionEvent.ACTION_UP:
case MotionEvent.ACTION_POINTER_UP:
    // 手指放开事件
    mode = NONE;
    break;
case MotionEvent.ACTION_MOVE:
    // 手指滑动事件
    if (mode == DRAG) {
        // 是一个手指拖动
        matrix.set(savedMatrix);
        matrix.postTranslate(event.getX() - startPoint.x, event.getY()
                - startPoint.y);
    } else if (mode == ZOOM) {
        // 两个手指滑动
        float newDist = distance(event);
        if (newDist > 10f) {
            matrix.set(savedMatrix);
            float scale = newDist / oriDis;
            matrix.postScale(scale, scale, midPoint.x, midPoint.y);
        }
    }
    break;
}

// 设置 ImageView 的 Matrix
view.setImageMatrix(matrix);
```

```java
        return true;
    }

    /**
     * 计算两个触摸点之间的距离
     */
    private float distance(MotionEvent event) {
        float x = event.getX(0) - event.getX(1);
        float y = event.getY(0) - event.getY(1);
        return FloatMath.sqrt(x * x + y * y);
    }

    /**
     * 计算两个触摸点的中点
     */
    private PointF middle(MotionEvent event) {
        float x = event.getX(0) + event.getX(1);
        float y = event.getY(0) + event.getY(1);
        return new PointF(x / 2, y / 2);
    }

}
```

以下是布局文件。

```xml
<?xml version="1.0" encoding="utf-8"?>
<RelativeLayout
  xmlns:android="http://schemas.android.com/apk/res/android"
  android:layout_width="fill_parent"
  android:layout_height="fill_parent">
    <ImageView
        android:id="@+id/imageView"
        android:layout_width="fill_parent"
        android:layout_height="fill_parent"
        android:src="@drawable/example"
        android:scaleType="matrix" >
    </ImageView>
</RelativeLayout>
```

这段代码中通过手指的操作来计算 Matrix 的值,然后设置图片的 Matrix,实现图片的移动和缩放。

需要注意的是,在资源文件中,需要设置 ImageView 的 scaleType 为"matrix"。

> **经验分享:**
>   一般来讲,手机的屏幕较小,处理2个手指就已经够用,放上3个及以上手指操作就有点困难了。所以一般设计的过程中,实现2个手指就已经够用了。
>   很多手机并不支持多点触摸,所以一定要有其他方法实现需要的功能。比如上面图片缩放的例子,在实际的产品开发中,一定要设计常规的方式实现图片的缩放,比如用按钮,而不能完全依赖多点触摸。

10.1.3 识别手势—使用 GestureDetector

前面详细讲述了如何识别简单的手势动作,比如向左滑动、向右滑动等,基本都是通过触摸点位置的计算来判断的。即使是多点触摸,也是对触摸点位置进行计算来判断动作的。在 Android 的 SDK 中有一个包,即 android.gesture 包,可以用来识别复杂一些的手势;该包中提供一些类库,可以用来存储、加载和识别手势动作。

1. 创建手势库

要使用手势的功能,就必须先创建一些预定义的手势。Android SDK 的模拟器中内置了一个 Gestures Builder 的应用,可以创建一组预先定义好的手势,可以在 Android SDK 的 samples 目录下找到 Gestures Builder 的源码。这里先使用 Gestures Builder 生成一组手势。图 10-3 是在应用增加了两个手势后的屏幕截图。

从图中可以看到,这里创建了两个手势,一个是类似 ">" 的手势,一个是类似 "<" 的手势,将其命名为 next 和 prev。编辑完成之后,一个 gestures 文件就会在模拟器的 "/sdcard" 目录下生成。这个文件包含了定义的所有手势的信息,可以将该文件导出,然后放在自己应用的资源文件夹 "/res/raw" 下,以供使用。

2. 加载创建的手势库

现在已经有了一组预先定义好的手势,可以加载到我们的应用中,可以使用 GestureLibraries 类的几个静态方法来载入手势。例如前面我们将 gestures 文件放到应用的 "/res/raw" 下,就可以使用下面的代码来载入。

GestureLibrary mLibrary = GestureLibraries.fromRawResource(this, R.raw.gestures);

手势库载入后的返回是一个 GestureLibrary 对象,接下来就可以使用该类的 recognize() 方法来识别具体的手势了。

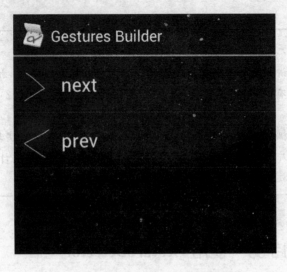

图 10-3 增加两个手势后的截屏图片

3. 识别手势

Android SDK 提供了一个手势识别的类 GestureOverlayView，这是一个手势的画板，用户可以在此画板中画自己的手势。可以直接将 GestureOverlayView 引用到布局文件中。

```xml
<?xml version = "1.0" encoding = "utf-8"?>
<android.gesture.GestureOverlayView
    xmlns:android = "http://schemas.android.com/apk/res/android"
    android:id = "@ + id/gestures"
    android:layout_width = "fill_parent"
    android:layout_height = "fill_parent">
</android.gesture.GestureOverlayView>
```

GestureOverlayView 有很多属性，可以用来调整手势的颜色、笔画的粗细等。可以向 GestureOverlayView 添加一个 OnGesturePerformedListener，当用户画完手势后，就会回调 onGesturePerformed() 方法。在回调方法中就可以用 GestureLibrary 类的 recognize() 方法来识别手势了。

下面提供一段简单的代码来说明如何载入手势库，并且实现具体手势的匹配。

```java
// import 略
public class GestureActivity extends Activity implements
        OnGesturePerformedListener {

    private GestureOverlayView mGestures;
    private GestureLibrary mLibrary;
```

```java
@Override
protected void onCreate(Bundle savedInstanceState) {
    super.onCreate(savedInstanceState);
    this.setContentView(R.layout.gesture);
    mGestures = (GestureOverlayView) findViewById(R.id.gestures);
    // 向 GestureOverlayView 注册 listener
    mGestures.addOnGesturePerformedListener(this);
}

@Override
protected void onStart() {
    super.onStart();
    // 载入手势库
    mLibrary = GestureLibraries.fromRawResource(this, R.raw.gestures);
}

@Override
public void onGesturePerformed(GestureOverlayView overlay, Gesture gesture) {
    List<Prediction> predictions = mLibrary.recognize(gesture);

    // 是否存在匹配的手势
    if (predictions.size() > 0) {
        // 这里只获取第一个
        Prediction prediction = predictions.get(0);
        // 预测的结果分值越高 说明匹配程度越大 这里阈值设为 1.0
        if (prediction.score > 1.0) {
            // 匹配成功
            Toast.makeText(this, prediction.name, Toast.LENGTH_SHORT)
                .show();
            // 可以根据匹配的手势的名字来做具体的业务逻辑
        }
    }
}
```

运行这个实例,然后在屏幕上画出类似"<"的笔画,就会提示 prev;画出类似">"的笔画,就会提示 next。可见,程序可以简单识别两种手势了。识别了手势以后,接下来如何利用这两种手势,就和具体的业务逻辑有关系了。比如在音乐播放器应用里,可以用这两种手势实现上一首和下一首歌曲切换的功能。

> **经验分享:**
> 目前 Android SDK 提供的手势识别接口,可以很好地识别简单笔画,但很难识别出复杂的图形。虽然利用手势来实现某些功能的确比较酷,但是一般来说,在产品的设计过程中还是更注重简单易用,利用简单的滑动已经能解决很多需求了。所以说,手势识别的实用价值目前还没有被完全的发掘出来。

10.2 我在哪里—使用定位功能

手机定位,是指通过特定的定位技术来获取终端用户位置信息的一种服务。定位技术有几种,一种是基于 GPS 的定位,一种是基于基站的定位,一种是基于 WiFi 接入点的定位。基于 GPS 的定位方式,是利用手机上的 GPS 定位模块将自己的位置信号发送到定位后台来实现手机定位的。基于基站的定位则是利用手机运营商基站对手机的距离进行测算来确定手机位置的。基于 WiFi 接入点的定位,是根据 WiFi 接入点的位置来确定手机位置的。

GPS 定位的精度很高,一般手机的 GPS 模块的定位精度可以达到十米到几十米。但是 GPS 定位的限制也较大,一个是开启速度比较慢,另一个是在室内基本无法使用。基站定位和 WiFi 定位,不需要手机具有 GPS 定位模块,速度也很快,但是精度却差很多,有时误差甚至会超过一公里。

在 Android 手机的位置服务的设置一般会有两个选项(手机不同选项可能也不同),一个是"使用无线网络",一个是"使用 GPS 卫星"。前者就是允许应用程序使用来自 WiFi 或移动网络的数据来确定位置,后者就是允许应用程序使用 GPS 进行定位。

Android SDK 中主要使用 android.location.LocationManager 类来实现定位相关功能。这是一个用于管理当前空间位置信息类,可通过它的方法做有关位置信息的操作。

如果要在应用中获取定位信息,需要以下几个步骤:

① 增加定位的权限信息。如果只使用 GPS 定位,则需要增加 android.permission.ACCESS_FINE_LOCATION 权限。如果需要使用基站定位和 WiFi 接入点定位,则需要增加 android.permission.ACCESS_COARSE_LOCATION 权限。由于基站定位和 WiFi 接入点定位最终都需要连接网络,所以还需要增加 android.permission.INTERNET 权限。

② 获取 LocationManger 对象。可以通过 getSystemService()方法获取 LocationManger 对象。

③ 使用 LocationManger 对象的 getLastKnowLocation()方法可以获取最后一次定位的信息，返回值是一个 Location 对象。一般来说，我们更希望在应用中获取用户当前的定位信息，而不是最后一次记录的信息。如果需要获得最新的位置信息，就需要通过 LocationManger 对象的 requestLocationUpdates()方法来强制获取。

以下代码演示了如何通过 GPS 定位获取用户最新的位置信息。

```java
// import 略
public class LocationActivity extends Activity {

    @Override
    public void onResume() {
        super.onResume();
        LocationManager mLocationManager = (LocationManager) this
                .getSystemService(Context.LOCATION_SERVICE);
        // 注册 GPS 监听
        mLocationManager.requestLocationUpdates(LocationManager.GPS_PROVIDER,
                1000L, 10, mLocationListener);
    }

    @Override
    public void onPause() {
        super.onPause();
        LocationManager mLocationManager = (LocationManager) this
                .getSystemService(Context.LOCATION_SERVICE);
        // 取消位置监听
        mLocationManager.removeUpdates(mLocationListener);
    }

    private static final LocationListener mLocationListener = new LocationListener() {

        public void onLocationChanged(Location location) {
            // 获取经度和维度
            double latitude = location.getLatitude();
            double longitude = location.getLongitude();
            // 根据最新的位置信息做具体的业务逻辑
        }

        public void onProviderDisabled(String provider) {
```

```
        }

        public void onProviderEnabled(String provider) {
        }

        public void onStatusChanged(String provider, int status, Bundle extras) {
        }
    };
}
```

这里调用了 LocationManager 对象的 requestLocationUpdates()方法来跟踪手机位置的变化,这里这个方法有 4 个参数:第一个是 Location Provider 的类型,如果想要网络定位可以传入"LocationManager.NETWORK_PROVIDER";第二个参数表示多久更新一次位置,以毫秒为单位;第三个参数意思是定位的位置信息变化多少才更新,以米为单位;最后一个参数是用于处理位置变化的 LocationListener 对象。

当不再需要跟踪位置跟新时,调用 LocationManager 对象的 removeUpdates()方法,传入参数的类型为 LocationListener 对象。

LocationManager 对象的 isProviderEnabled()方法可以判断手机设备的设置中是否打开了位置服务。下面是一段代码示例,判断是否打开了 GPS 定位。

```
/**
 * 判断是否打开了 GPS 定位功能
 */
public static boolean isGpsProviderEnabled(Context context) {
    LocationManager mLocationManager = (LocationManager) context
            .getSystemService(Context.LOCATION_SERVICE);
    // 判断是否在设置中打开了 GPS 位置信息
    // 如果是网络定位可以使用 LocationManager.NETWORK_PROVIDER
    if (mLocationManager.isProviderEnabled(LocationManager.GPS_PROVIDER)) {
        return true;
    }
    return false;
}
```

如果用户没有打开 GPS 定位,则可以提示用户开启。

基于设备的定位功能可以实现基于位置的服务(Location Based Service,LBS)。目前 LBS 应用已经越来越多,比如有的应用可以基于位置信息获取商家的优惠信息,再比如有的应用可以基于位置信息进行交友等。LBS 已经是 Android 应用开发中比较火爆的一个领域。

> **经验分享:**
> 应用是否支持 GPS 定位和网络定位,要根据应用的具体业务来确定。
> 比如导航软件,为了实现导航的精确性,一般就需要用户使用 GPS 定位,而不会使用网络定位。所以在这类应用里,就需要判断用户是否打开了 GPS 定位功能,如果没有打开,则提示用户跳转到设置页面打开 GPS 定位功能。如果不打开 GPS 定位,就无法使用。
> 再比如一些基于位置的交友应用,可能就不需要那么精确的位置信息,就可以使用网络定位。这就面临很多的情况。一种是用户只打开了网络定位,一种是用户只打开了 GPS 定位,一种是用户打开了全部两种定位。第一种和第二种情况比较简单,第三种情况就需要根据获取到的两种位置信息做取舍了。我们可以先判断能否获取到 GPS 数据,如果能的话还要判断 GPS 数据是否是最新的,如果是最新的就是用 GPS 定位信息,否则可以用网络定位的位置信息。

10.3 电话拨打和短信发送

10.3.1 调用系统的电话拨打功能

手机最重要的功能之一就是电话拨打和短信发送的功能。在 Android 应用的开发中,有的时候也会用到这两个功能。

实现电话拨打的功能是比较容易的,Android SDK 已经对于电话拨打的功能进行了封装,可以直接发送一个 Intent(Intent. ACTION. CALL)调用系统拨号的功能。

实现拨打电话的步骤:

① 在 AndroidManifest. xml 文件中添加 users - permission,并声明使用电话拨打的权限。

`<uses - permission android:name = "android.permission.CALL_PHONE" />`

这是因为拨打电话属于手机底层的服务,因此,程序必须取得相关的权限。

② Intent(意图)是 Android 中的一个概念,是一种通用的消息系统,允许应用程序之间传递 Intent 来执行动作和产生事件。这里要和系统的拨号程序来交互,所以需要传递一个 Intent 对象,设置其 Action 为 ACTION_CALL,并且传入电话号码的 Uri。电话号码的 Uri 以"tel:"开头。

③ 在具体的 Activity 中直接调用 Activity 类的 startActivity(Intent intent)方法,即可完成通过程序直拨打电话。

以下是封装好的拨打电话的方法的具体代码,可以参考。

```java
/**
 * 拨打电话
 */
public void dial(String number) {
    Intent intent = new Intent();
    intent.setAction(Intent.ACTION_CALL);
    intent.setData(Uri.parse("tel:" + number));
    startActivity(intent);
}
```

10.3.2 实现发送短信的功能

实现发送短信的功能也不复杂。与电话拨打不同的是,这里不是以 Intent 方式进行调用,而是用到了系统的一个封装的类。Android SDK 提供了一个 SmsManager 类,封装了短信的一些功能。

实现发送短信的步骤:

① 在 AndroidManifest.xml 文件中添加 users-permission,并声明使用电话拨打的权限。

```xml
<uses-permission android:name="android.permission.SEND_SMS" />
```

② 在代码中获取 SmsManager 对象。可使用 SmsManager.getDefault()方法获取到 SmsManager 对象。

③ 调用 SmsManager 类的具体方法实现发送短信的功能。

以下是封装好的发送短信的方法的具体代码,可以参考。

```java
/**
 * 发送短信
 */
public void sendSms(String phoneNumber, String content) {
    // 取得默认的 SmsManager 用于短信的发送
    SmsManager manager = SmsManager.getDefault();
    // 一条短信的内容长度是有限的,所以先要进行分割。
    List<String> all = manager.divideMessage(content);
    Iterator<String> it = all.iterator();
    while (it.hasNext()) {
        // 逐条发送短息
        manager.sendTextMessage(phoneNumber, null, it.next(), null, null);
```

第 10 章　利用手机特性—结合硬件进行开发

```
    }
}
```

从代码可以看到，这里主要使用了 SmsManager 类的 sendTextMessage() 方法实现短信的发送。sendTextMessage() 方法有 5 个参数：

- destinationAddress：对方的手机号码。
- scAddress：短信中心服务号码。可以设置为 null，使用默认的短信中心。
- text：短信的文本内容。
- sentIntent：PendingIntent 对象。如果设置了此参数，则在发送结束以后进行广播，广播成功或者失败的结果。此过程是异步的。
- deliveryIntent：PendingIntent 对象。如果设置了此参数，则在对方成功接收短信以后进行广播。此过程也是异步的。

如果没有特殊需求，一般不需要关心短信是否发送成功，只要发出发送短信的请求就可以了，所以这里的 sentIntent 和 deliveryIntent 都设置为 null。

> **经验分享：**
>
> 拨打电话和发送短信的功能是与 SIM 卡有直接关系的。所以，如果我们的程序需要使用拨打电话和发送短信的功能，最好先对 SIM 卡的状况进行个判断。比如手机并没有插入 SIM 卡，就可以给出没有 SIM 卡的提示，而不进行拨打电话和发送短信的动作了。
>
> TelephonyManager 类封装了手机的状态信息相关的功能。可以通过下面代码片段获取 TelephonyManager 对象。
>
> TelephonyManager tm = (TelephonyManager) getSystemService(Context.TELEPHONY_SERVICE);
>
> 然后使用 tm.getSimState() 方法判断 SIM 卡的状态。
>
> 另外，由于拨打电话和发送短信一般来说都是需要产生费用的，所以最好在这之前给予产生费用的提示信息。

10.4　拍照和摄像

现在的手机基本都配有摄像头，所以说拍照和摄像功能已经成为手机的基本功能之一了。Android 系统为摄像头提供了基本的编程接口，使得开发者可以非常容易地访问摄像头，而不需要编写底层的代码。

实现拍照和摄像功能有两种方式：一种是利用系统的相机应用，一种是完全自己实现相机功能。一般来说,如果不是专门开发相机相关的应用,而是其他类型的应用,则使用系统的相机功能就足够了。这里只介绍如何在应用中直接使用系统的相机功能。

调用相机功能需要构造一个 Intent。如果是要拍照,则设置其 Action 为 MediaStore.ACTION_IMAGE_CAPTURE;如果是要摄像,则设置其 Action 为 MediaStore.ACTION_VIDEO_CAPTURE。

下面提供一个完整的 Activity 代码说明了如何调用系统的拍照或者摄像功能,并且取得返回的结果数据。

```java
// import 略
public class CameraActivity extends Activity {

    private static final int CAPTURE_IMAGE_ACTIVITY_REQUEST_CODE = 1000;
    private static final int CAPTURE_VIDEO_ACTIVITY_REQUEST_CODE = 2000;
    private Uri fileUri;


    @Override
    public void onCreate(Bundle savedInstanceState) {
        super.onCreate(savedInstanceState);
        setContentView(R.layout.main);
        // 获取 SD 卡的主目录 图片保存在主目录中
        fileUri = Uri.fromFile(new File(Environment
                .getExternalStorageDirectory().getAbsolutePath(), "temp.png"));        // 开始拍照或者开始摄像
        startImageCapture();
        // 或者是 startVideoCapture()
    }

    private void startImageCapture() {
        // 创建一个拍照的 Intent
        Intent intent = new Intent(MediaStore.ACTION_IMAGE_CAPTURE);
        // 设置输出的目录
        intent.putExtra(MediaStore.EXTRA_OUTPUT, fileUri);
        // 启动拍照的 Activity
        startActivityForResult(intent, CAPTURE_IMAGE_ACTIVITY_REQUEST_CODE);
    }

    private void startVideoCapture() {
        // 创建一个摄像的 Intent
        Intent intent = new Intent(MediaStore.ACTION_VIDEO_CAPTURE);
        // 设置输出的目录
```

```java
        intent.putExtra(MediaStore.EXTRA_OUTPUT, fileUri);
        // 设置拍摄的质量为高
        intent.putExtra(MediaStore.EXTRA_VIDEO_QUALITY, 1);
        // 启动摄像的 Activity
        startActivityForResult(intent, CAPTURE_VIDEO_ACTIVITY_REQUEST_CODE);
    }

    @Override
    protected void onActivityResult(int requestCode, int resultCode, Intent data) {
        if (requestCode == CAPTURE_IMAGE_ACTIVITY_REQUEST_CODE) {
            if (resultCode == RESULT_OK) {
                // 成功拍照 并且保存到了指定的目录
                Toast.makeText(this, "Image saved to:\n" + fileUri.toString(),
                        Toast.LENGTH_LONG).show();
            } else if (resultCode == RESULT_CANCELED) {
                // 用户取消了拍照
            } else {
                // 拍照过程中发生了其他错误
            }
        }

        if (requestCode == CAPTURE_VIDEO_ACTIVITY_REQUEST_CODE) {
            if (resultCode == RESULT_OK) {
                // 成功摄像 并且保存到了指定的目录
                Toast.makeText(this, "Video saved to:\n" + fileUri.toString(),
                        Toast.LENGTH_LONG).show();
            } else if (resultCode == RESULT_CANCELED) {
                // 用户取消了摄像
            } else {
                // 摄像过程中发生了其他错误
            }
        }
    }
}
```

如果需要判断手机是否存在摄像头，可以使用下面的方法进行判断。

```java
public boolean checkCameraHardware(Context context) {
    if (context.getPackageManager().hasSystemFeature(
            PackageManager.FEATURE_CAMERA)) {
        // 设备上存在摄像头
        return true;
    } else {
```

```
            // 设备上不存在摄像头
            return false;
        }
    }
```

上面介绍的是一种简单的实现拍照或者摄像功能的方法。这种方法使用了系统内置的应用程序完成拍照或者摄像工作。

如果需要实现丰富多彩的拍照和摄像的相关功能,就需要自己实现了。Android SDK 中的 android.hardware.Camera 类就是实现摄像头功能的核心类,其封装了所有摄像头相关的操作,包括连接或者断开摄像头服务、设置摄像头的各种参数、开始或者结束摄像头预览、拍照或者连续抓拍、摄像等。可以使用 Camera.open() 静态方法直接得到 Camera 的一个实例。

经验分享:

因为摄像头的操作涉及手机硬件,所以除了需要判断手机上是否存在摄像头以外,可能还需要判断手机上是否存在多个摄像头。特别是现在有一些 3G 手机,可能前后都会有摄像头。在 Android SDK 2.3 版本及以上,可以使用 Camera.getNumberOfCameras() 静态方法获得摄像头的数量。

10.5 使用传感器

10.5.1 传感器概述

传感器是 Android 系统获取外部信息的重要手段。Android 系统支持多种传感器,打开 SDK 中 Sensor 类的 API 可以看到系统支持的 11 种传感器类型。不同的 Android 手机,对于传感器的支持也是不尽相同的,具体要看该手机的硬件参数信息。例如,Google Nexus S 手机就只支持其中的 9 种传感器,而不支持压力传感器(PRESSURE)和温度传感器(TEMPERATURE)。

这 11 种传感器中,加速度(ACCELEROMETER)、磁场(MAGNETIC_FIELD)、方向(ORIENTATION)传感器是一般的 Android 设备都具有的。在这些传感器中,最为常用的是加速度传感器。Android 的自动调整屏幕方向的功能就是由加速度传感器实现的。通过获得的 3 个方向加速度,比如重力加速度,就可以计算得出当前的方向。

传感器部分在 SDK 中的 android.hardware 包中,主要包括以下几个类和接口:

第10章 利用手机特性—结合硬件进行开发

- SensorManager：实现传感器系统核心的管理类。
- SensorEventListener：在传感器值实时更改时，希望监听传感器值变化的类来实现的接口。应用程序实现该接口来监视硬件中一个或多个可用传感器。

SensorManager 类包含几个常量，这表示 Android 传感器系统的不同方面，包括：

1) 传感器类型

方向、加速度、光线、磁场、距离、温度等。

2) 采样率

最快、游戏、普通、用户界面。当应用程序请求特定的采样率时，其实只是对传感器子系统的一个提示或者一个建议，不保证特定的采样率可用。

3) 准确性

高、低、中、不可靠。

SensorEventListener 接口是传感器应用程序的核心。它包括两个必需方法：

① onSensorChanged(SensorEvent event)方法在传感器值更改时调用。该方法被接受此应用程序监视的传感器调用。该方法的参数是一个 SensorEvent 对象，而通过 SensorEvent 对象可以获取其 values。这是一个 float[]数组，用来表示传感器数据。有些传感器只提供一个数据值，而一些则提供 3 个浮点值（注：方向和加速度传感器都提供 3 个数据值）。

② 当传感器的准确性更改时，将调用 onAccuracyChanged(Sensor sensor, int accuracy)方法。参数包括两个整数：一个表示传感器，另一个表示该传感器新的准确值。

要与传感器交互，应用程序必须注册以侦听与一个或多个传感器相关的活动。注册使用 SensorManager 类的 registerListener 方法完成。

下面的代码框架说明了如何在应用中调用传感器。

```
// import 略
public class SensorActivity extends Activity, implements SensorEventListener {

    private SensorManager mSensorManager;
    private Sensor mAccelerometer;

    @Override
    protected void onCreate(Bundle savedInstanceState) {
        super.onCreate(savedInstanceState);
        setContentView(R.layout.main);
        // 获取 SensorManager 对象
        mSensorManager = (SensorManager)getSystemService(Context.SENSOR_SERVICE);
        // 获取默认的加速度传感器
```

```
        mAccelerometer = mSensorManager.getDefaultSensor(Sensor.TYPE_ACCELEROMETER);
    }

    protected void onResume() {
        super.onResume();
        // 注册监听
        mSensorManager.registerListener(this, mAccelerometer, SensorManager.SENSOR_DELAY_NORMAL);
    }

    protected void onPause() {
        super.onPause();
        // 取消监听
        mSensorManager.unregisterListener(this);
    }

    public void onAccuracyChanged(Sensor sensor, int accuracy) {
    }

    public void onSensorChanged(SensorEvent event) {
        // 监听传感器事件的回调
    }
}
```

在上述代码中，代码片段"mAccelerometer = mSensorManager.getDefaultSensor(Sensor.TYPE_ACCELEROMETER)"得到了手机的加速度传感器。如果想得到其他的传感器，可以改变 getDefaultSensor 方法的参数值。例如，需要得到方向传感器，就可以使用 Sensor.TYPE_ORIENTATION。Sensor 类中还定义了很多传感器常量，开发者要根据手机中实际的硬件配置来注册传感器。如果手机中没有相应的传感器硬件，就算注册了相应的传感器，也不会起任何作用。

需要注意的是，Activity 的 onPause()方法中需要将监听注销掉，否则，应用可能会一直监听传感器信息。由于硬件操作是非常耗电的，所以一旦忘记注销，可能电池很快就消耗完了。

经验分享：

由于并非所有支持 Android 的设备都支持 SDK 中定义的所有传感器，所以，在对应用进行设计的时候，可能就需要考虑如果设备不支持该传感器如何处理。也就是说，在设计功能的时候就要考虑一种替代的方案来实现需要的功能。

10.5.2 加速度传感器

加速度传感器(Sensor.TYPE_ORIENTATION)在所有传感器中是比较常用的,主要的作用主要是感应手机的运动。该传感器可以返回设备在X、Y、Z这3个方向上的加速度,如图10-4所示。

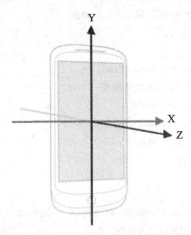

图10-4 手机上的X、Y和Z的方向示意图

其中X、Y、Z的方向是相对于手机的屏幕来说的。如果把手机正面朝上平放在手中,则X轴沿着屏幕向右,Y轴沿着屏幕向上,Z轴垂直手机屏幕向上。

由于重力的存在,即使手机是完全静止的,X、Y、Z这3个方向上的加速度值也不可能都接近于0。如果手机是正面朝上平放在手上,X与Y方向的加速度值会接近于0,Z方向的加速度值会接近于10(重力加速度g的值)。

根据加速传感器在各个方向上的值,可以判断手机的运动情况。

下面给一个例子,简单判断左右摇动手机的动作。

一般来说,我们在摇动手机的时候,都是手机正面朝上,所以这里只需要对X和Y方向上的加速度进行判断就够了。

下面给出代码片段。

```
// import 略
public class SensorActivity extends Activity implements SensorEventListener {

    private static final int UPDATE_INTERVAL = 100;
    private long mLastUpdateTime;
    private float mLastX, mLastY;
    private static final int THRESHOLD_VALUE = 10;

    public void onAccuracyChanged(Sensor sensor, int accuracy) {
```

```java
    }
    public void onSensorChanged(SensorEvent event) {
        long currentTime = System.currentTimeMillis();
        long diffTime = currentTime - mLastUpdateTime;
        if (diffTime < UPDATE_INTERVAL) {
            // 如果未到时间间隔,则不做判断
            return;
        }
        mLastUpdateTime = currentTime;
        // 获取 X 和 Y 方向上的加速度值
        float x = event.values[0];
        float y = event.values[1];
        float deltaX = x - mLastX;
        float deltaY = y - mLastY;
        mLastX = x;
        mLastY = y;
        float delta = FloatMath.sqrt(deltaX * deltaX + deltaY * deltaY);
        if (delta > THRESHOLD_VALUE) {
            // 当加速度的差值大于指定的阈值,就认为这是一个摇动
            // 做其他的程序逻辑
        }
    }
}
```

上述代码省略了注册传感器的部分代码。核心的业务代码都在于 onSensorChanged(SensorEvent event)方法中。代码主要是对于上一次的 X、Y 方向上的加速度值进行了保存,然后判断 X、Y 方向上加速度值的改变是否大于某给定的阈值。如果改变大于该阈值,就说明摇动了手机。

10.5.3 方向传感器

方向传感器(Sensor.TYPE_ORIENTATION)相对其他传感器来说,也是比较常用的。该传感器可以返回 3 个值:

第一个为和正北方向的角度,沿 Z 轴旋转,0 表示正北,90°表示正东,180°表示正南,270°表示正西。

第二个值为绕 X 轴倾斜。水平屏幕向上,返回 0,抬起手机顶部时,值开始减小,范围 0°～-180°,从手机底部开始抬起,值范围为 0°～180°。

第三个值为手机左侧或者右侧翘起的高度。沿着 Y 轴倾斜,范围是-90°～90°,水平放置为 0°,从左侧抬起,会从 0°～90°,从右侧开始抬起,范围为 0°～90°。

方向传感器最实际的例子就是指北针了。

第10章 利用手机特性—结合硬件进行开发

如果只是实现指北针,就只需要知道手机的方向,所以只需要关注第一个值,即和正北方向的角度,就足够了。

在Android SDK附带的API Demo中有一个指北针的例子,详见API Demos→Graphics→Compass,感兴趣的读者可以自行参考其源代码。

> **经验分享:**
>
> Android SDK附带了大量的源码,包括API Demos,也包括一些应用的源码。笔者认为其中的API Demos是最有用的,既是学习Android开发的好例子,又可以直接复制一些源码用于自己的项目中。建议开发者多多熟悉这些代码,在项目开发过程中会事半功倍。

实现指北针只需要知道方向信息,所以只用到了第一个值,相对比较简单。更复杂一些的应用,比如Google有一个著名的应用叫做谷歌星空,它是谷歌推出的一款星空观测的Android应用软件。它就像是一个微型的天文望远镜,可以展示当前所在位置的星空图,而且星空图也会跟着你的手机方向而移动。这款应用就是使用方向传感器的典型例子。

10.5.4 其他传感器

在Android所支持的所有的11种传感器当中,加速度传感器和方向传感器相对其他传感器来说是比较常用的。从代码级别来讲,其他传感器的使用与上述的两种传感器的使用没有太多的不同,只是应用的场景不同罢了。

下面对其他9种传感器做个简单的介绍。

1)磁场传感器(Sensor.TYPE_MAGNETIC_FIELD)

返回周围磁场在手机的X、Y、Z这3个方向上的影响(磁场分量)。可以利用磁场传感器实现指南针功能。

2)光线传感器(Sensor.TYPE_LIGHT)

返回周围光的强度。光线传感器只需要values[0]的值,其他两个值永远为0。而values[0]的单位是lux,是照度单位。光线传感器可以用在自动调节屏幕亮度等场景中。

3)陀螺仪传感器(Sensor.TYPE_GYROSCOPE):

陀螺仪就是内部有一个陀螺,它的轴由于陀螺效应始终与初始方向平行,这样就可以通过与初始方向的偏差计算出实际方向。陀螺仪的X、Y、Z分别代表设备围绕X、Y、Z这3个轴旋转的角速度:radians/second。陀螺仪的作用简单说就是可以跟踪位置变化。只要在某个时刻得到了当前所在位置,然后只要陀螺仪一直在运行,根据数学计算，就可以知道行动轨迹。陀螺仪可以用在一些游戏当中。

4）距离传感器（Sensor.TYPE_PROXIMITY）

返回距离信息。只需要一个值values[0]，单位是厘米。距离传感器可以用来当判断用户离手机很近的时候做一些事情。比如在通话时，距离感应器侦测到耳朵靠近后，便可以自动关掉屏幕，以防止脸部碰到屏幕导致误操作。

5）温度传感器（Sensor.TYPE_TEMPERATURE）

返回摄氏度。这个很好理解，可以获取手机的内部温度。

6）压力传感器（Sensor.TYPE_PRESSURE）

返回手机设备周围压力的大小。值是0～1之间。值接近1表示是正常的常规大气的压力值，0表示没有大气压，即真空。压力传感器可以用来初略地判断飞行高度。

7）重力传感器（Sensor.TYPE_GRAVITY）

重力传感器与加速度传感器使用同一套坐标系。values数组中3个元素分别表示了X、Y、Z轴的重力大小。Android SDK定义了一些常量，用于表示星系中行星、卫星和太阳表面的重力。

8）线性加速传感器（Sensor.TYPE_LINEAR_ACCELERATION）

线性加速传感器与加速度传感器使用同一套坐标系。values数组中3个元素分别表示了X、Y、Z轴的线性加速度值。它的值是与重力加速度无关的。如果手机是正面朝上平放在手上，Z方向的加速度值会接近于10（重力加速度g的值），而Z方向的线性加速度的值则接近于0。加速度、重力与线性加速度的关系是："加速度＝重力＋线性加速度"。

9）旋转向量传感器（Sensor.TYPE_ROTATION_VECTOR）

旋转向量用来表示设备的方向，是有角度和坐标轴组成的，就是设备围绕X、Y、Z轴的旋转角度。旋转向量传感器可以用来设计游戏的辅助功能。

> **经验分享：**
>
> 不同款的手机对于传感器的支持不同，不同的Android系统版本对于传感器的支持也不同。比如重力传感器、线性加速传感器和旋转向量传感器，就至少需要Android 2.3版本及以上才支持。所以，如果用到了这类传感器，还需要在代码中对API Level进行判断。具体的可以通过"android.os.Build.VERSION.SDK"来获取当前设备的SDK API Level。

第 11 章
避重就轻—结合 Web 开发 Android 应用

很多团队在开发 Android 应用程序的同时,也在开发功能相同的 iOS 程序,或者 Windows Phone 程序。结合 Web 开发的最大的好处,一个是 Web 页面相对比较通用,基本不用修改就可以适用于各种系统;另一个是可以将 Web 页面部署在服务器端,这样应用程序更新功能比较方便。所以,现在很多的 Android 应用程序,都会选择结合 Web 进行开发。

很多公司已经开发出了成熟的 Web 产品,他们也希望推出 Android 客户端。这种场景下,也比较适合结合 Web 进行开发。

本章将详细说明如何结合 Web 开发 Android 应用。本章的内容需要读者具备一定的 Web 开发基础,比如 Html、JavaScript 等知识;如果读者还不熟悉,建议先自行学习。

11.1 Android 上的 Web 应用概述

在 Android 上开发应用程序,除了使用 SDK 提供的各种控件来实现业务逻辑以外,还有另外一种方式:可以基于浏览器开发 Web 应用程序,然后通过手机上的 Web 浏览器来访问应用程序,不需要在用户的设备上安装其他任何程序。

从图 11-1 可以看到,一般情况下,可以通过两种方式向用户提供 Web 内容:一种是通过传统的浏览器的方式,提供一个 URL 地址,用户就可以直接通过浏览器访问该 URL 地址获取服务;另一种,则还是以 Android 应用的方式提供,只不过是将 Web 内容嵌入到了本地应用里了。

那么,如何在两种方式中做选择呢?这个问题要考虑很多因素,要根据应用的具体需求、业务内容等来确定。不过,现实的情况是,一般的公司为了提高用户的体验,为了更好地为用户服务,除了以 Web 方式提供服务外,一般还会单独提供 Android 版本的应用程序,作为 Web 服务的补充。比如新浪微博、人人网等,都提供了独立的

Android 应用开发精解

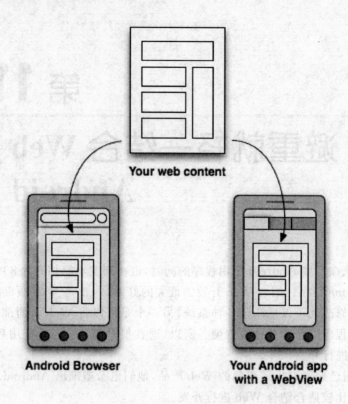

图 11-1　Android 访问 Web 内容的两种方式

应用程序。用户除了可以在手机上直接用浏览器访问以外，还可以下载它们提供的应用程序，以获得更好的用户体验。

第一种方式不是本章讨论的重点，下面讨论第二种方式，如何结合 Web 开发本地的 Android 应用，如何将本地应用与 Web 内容结合到一起，如何在开发的本地应用中嵌入一些特定的 Web 页面，让 Web 页面作为本地应用的一种补充。

> **经验分享：**
>
> 　　如果你的应用简单到只是为了单纯地运行网站的话，那就没有必要开发这样一个本地应用了。一般来说，Web 方式能够快速开发，能够很方便地更新内容，但是访问速度较慢，有的功能实现起来也相对麻烦。而本地控件的优点是运行速度快，能实现出相对美观的应用，可以给用户好的体验，调用硬件功能方便，缺点主要就是更新复杂。所以，可以将 Web 方式与本地控件相结合，开发出更好的应用。

11.2 使用 WebView 载入 Web 页面

11.2.1 Webkit 引擎和 WebView 控件

Android 中提供了 WebKit 引擎,用于对网页浏览和操作进行编程。WebKit 是一个开源的浏览器引擎,Safari、Google Chrome、搜狗浏览器、傲游 3 等都是基于 Webkit 进行开发的。

Android 中内置的浏览器也是采用了 Webkit 引擎。在此基础上,Google 对 WebKit 进行了封装,提供了丰富的 Java 接口,其中最重要的就是 android.webkit. WebView 控件。结合 Web 进行开发,就要先了解 WebView 控件。

可以将 WebView 视为一个标准的浏览器,只是没有地址栏、导航栏等这些浏览器的特有功能,而主要用来加载并且显示出网页的内容。如果希望在本地应用中展示一个 Web 页面,就需要使用 WebView 了。WebView 类继承于 View 类,所以可以将 WebView 作为 Activity 布局的一部分。

> **经验分享:**
>
> 尽管可以将 WebView 视为一个标准的浏览器,但是,针对 Android SDK 版本不同,WebView 对于 Web 标准的支持也不尽相同。主要是对于 Html5 标准支持还不同。比如,对于 Html5 中的 WebStorage 的支持,就需要在 SDK 2.0 版本及以上。对于 WebSockets 和 WebWorkers,当前最新的 SDK 4.0 版本也还没有提供支持。这些都是需要在进行 Web 页面设计的时候考虑进去的。除了设计的时候就考虑以外,还要在后期对应用进行多方面的测试,以找出各种兼容性问题。

11.2.2 浏览基本的 Web 页面

下面虚拟一个场景从而说明如何使用 WebView。

假设开发一个应用,里面有一个模块,这个模块主要用来向用户展现最新的系统通知,而系统通知的内容、样式等可能都会经常更新。为了更新方便,这里将这个模块做成 Web 方式的。当需要更新的时候,只需要更新服务器上相应的 Web 页面,用户不需要更新应用就能看到最新的通知信息。

首先需要在 Activity 的 layout 文件中加入<WebView>元素。

```
<WebView xmlns:android = "http://schemas.android.com/apk/res/android"
```

Android 应用开发精解

```
android:id = "@+id/webview"
android:layout_width = "fill_parent"
android:layout_height = "fill_parent"/>
```

由于应用程序需要访问网络，所以需要在 AndroidManifest.xml 中加入请求网络权限的代码。

```
<uses-permission android:name = "android.permission.INTERNET"/>
```

WebView 里有一个重要的方法，loadUrl()方法，可以设置 WevView 要显示的网页。网页可以是网络上的，也可以是放在本地的。

访问网络上的地址：webView.loadUrl("http://www.google.com")

访问本地的文件：webView.loadUrl("file:///android_asset/demo.html")。其中本地的 demo.html 文件存放在工程的 assets 文件夹中，系统会自动找到 assets 文件夹中的 demo.html 文件，并载入。

这里将 Web 页面放到网络上，方便以后更新。假定系统通知的页面地址是 http://www.example.com/notice.html，在该 Activity 中加入如下代码片段：

```
WebView myWebView = (WebView) findViewById(R.id.webview);
myWebView.loadUrl("http://www.example.com/notice.html");
```

以上就是如何简单地利用 WebView 控件将 Web 页面结合到当前的应用当中。

经验分享：

为了获得更好的用户体验，让 Web 页面更符合本地应用的风格，建议将 Web 页面设置成屏幕自适应的，并且不能进行缩放。以下是 HTML 文件中设置的例子。

```
<head>
    <title>Example</title>
    <meta name = "viewport" content = "width = device-width, user-scalable = no"/>
</head>
```

同时，建议在代码中将滚动条设置隐藏。

```
myWebView.setHorizontalScrollBarEnabled(false);
myWebView.setVerticalScrollBarEnabled(false);
```

第 11 章　避重就轻—结合 Web 开发 Android 应用

> **经验分享：**
> 　　当布局文件中包含了 WebView，也包含了一些其他控件以后，调试过程中，可能会出现无法操作 Web 页面的情况。这可能是因为其他控件获得了焦点，可以在代码中增加"myWebView.requestFocus()"这样一段代码将焦点交给 WebView 控件。

11.2.3　开启对于 JavaScript 的支持

如果网页使用了 JavaScript，那么，需要在 WebSetting 中开启对 JavaScript 的支持，默认的在 WebView 中 JavaScript 未被启用。

```
// 获取 WebSetting
WebSettings webSettings = myWebView.getSettings();
// 开启 Web View 对 JavaScript 的支持
webSettings.setJavaScriptEnabled(true);
```

WebView 中有一个方法，setWebChromeClient()，参数是一个 WebChromeClient 对象。可以继承 WebChromeClient 对象实现一些常用的 JavaScript 方法。比如 alert、confirm、closeWindow 等，具体请参考 API 文档。这里以 closeWindow 为例进行说明。我们简单实现，当用户单击 Web 页面中的 Close 按钮时，关闭掉当前的 Activity。

先看 HTML 的代码片段。

```
<input type="button" value="Close" onclick="javascript:closeWindow()"/>
```

在 Activity 的代码中增加一个内部类。

```
private class MyWebChromeClient extends WebChromeClient {
    @Override
    public void onCloseWindow(WebView window) {
        finish();
    }
}
```

然后设置 WebView 的 WebChromeClient。

```
myWebView.setWebChromeClient(new MyWebChromeClient());
```

将程序启动，载入 Web 页面以后，单击页面上的 Close 按钮，则可以看到整个 Activity 被关闭掉了。

WebView 对于 JavaScript 的支持非常强大，后面会详细介绍本地应用如何通过 JavaScript 与 Web 页面进行交互。

11.2.4 监听 Web 页面的载入

WebView 中还有一个比较重要的方法，setWebViewClient()，参数是一个 WebViewClient 对象。通过设置该对象，程序可以对请求地址进行控制，也可以接收页面载入过程的消息。

下面简单介绍几个常用的方法。

1．shouldOverrideUrlLoading( )方法

如果需要对 URL 请求进行控制，则重写这个方法；具体是否需要重写，要看具体的需求。比如，网页中包含了一些外部广告，当用户单击这些广告的时候，开发者希望在手机上另外打开一个浏览器浏览。再比如，URL 请求当中有类似于"tel:123456789"这样的请求，开发者希望对这种请求进行特殊处理。这些场景下，就需要重写此方法了。

2．onPageStarted( )方法和 onPageFinished( )方法

当页面载入开始的时候，会回调 onPageStarted()方法。当页面完全载入完成的时候，会回调 onPageFinished()方法。如果需要统计每个页面载入的耗时，则需要重写这两个方法。

3．onReceivedError( )方法

当请求发生错误以后，回调此方法。

> **经验分享：**
>
> 因为 Web 请求有时候并不稳定，可能有的时候速度快，有的时候速度慢，甚至有的时候可能还会无法连接到服务器，所以建议：
>
> ① 在 onPageStarted()方法回调的时候显示一个 loading 的窗口，告知用户耐心等待，在 onPageFinished()方法回调以后再隐藏掉该窗口。
>
> ② 在 onReceivedError()方法回调以后，load 本地的一个页面，或者以 Toast、Dialog 等方式给予用户提示，告知用户当前网络连接失败。

11.2.5 让 WebView 支持文件下载

在 WebView 中，如果 Web 页面链接了普通的网页链接，比如链接到另外一个

第 11 章 避重就轻—结合 Web 开发 Android 应用

html 页面，则可以直接单击进行 URL 跳转。但是，如果链接的不是 Web 页面，比如是一个 apk 安装包，则需要做特殊处理了。如果不做处理，则单击以后会没有任何反应。

WebView 中有一个 setDownloadListener()方法，可以对文件下载进行处理。先来实现一个 DownloadListener。

```
private class MyWebViewDownLoadListener implements DownloadListener {
    @Override
    public void onDownloadStart(String url, String userAgent,
            String contentDisposition, String mimetype, long contentLength) {
        // 对下载文件进行处理
    }
}
```

再来设置 WebView 的下载监听。

```
myWebView.setDownloadListener(new MyWebViewDownLoadListener());
```

在 onDownloadStart()方法中需要对下载进行处理。可以交给系统，采用默认的方式进行处理。看下面的代码。

```
Uri uri = Uri.parse(url);
Intent intent = new Intent(Intent.ACTION_VIEW, uri);
startActivity(intent);
```

采用这种方式单击链接以后，则打开系统默认的浏览器，然后自动下载文件。

也可以自己对不同的文件进行特殊处理。比如，对于 apk 文件，可以自己控制下载过程，将 apk 文件下载到 SD 卡某处，下载成功后，再进行自动安装过程。

> **经验分享：**
>
> 将处理交给系统的方式比较简单，容易实现，但是也有弊端。用户的 Android 手机可能装有各种软件，其中有的软件会接管系统的默认实现，导致程序无法得到预期的效果。比如，有的手机安装了第三方浏览器以后，WebView 中的文件下载就可能先弹出一个选择窗口，提示用户选择使用哪个浏览器下载文件。所以，应用开发过程中还是要根据具体需求，尽量自己控制应用的整个逻辑。

11.3 本地代码与 Web 页面交互

11.3.1 向 Web 页面传递数据

大部分时候，Web 页面不仅仅是展示一个页面那么简单。Web 页面可能有自己的逻辑，可能需要应用向其传入一些数据。还以本章开头的例子——以 Web 的方式向用户展示系统的通知信息，进行说明。假设需要先登录，而这个登录界面是本地代码实现的。登录后进入通知信息页面，这个页面需要知道用户的登录名。如何将登录名传递给 Web 页面呢？下面介绍几种方式。

1. GET 和 POST

GET 请求的数据会附在 URL 之后（就是把数据放置在 HTTP 请求的 URL 中），以"?"分割 URL 和传输数据，参数之间以"&"相连，如"http://www.example.com/index.html?name=android"。使用 WebView 的 loadUrl(String url) 方法就可以将参数以 GET 的方式传递给 Web 页面。

POST 方式会把提交的数据放置在是 HTTP 包的包体中。使用 WebView 的 postUrl(String url, byte[] postData) 方法可以将数据以 POST 方式传递给 Web 页面。

> **经验分享：**
>
> 因为 GET 是通过 URL 提交数据，那么 GET 可提交的数据量就跟 URL 的长度有直接关系了。实际上，URL 不存在参数上限的问题，HTTP 协议规范没有对 URL 长度进行限制。这个限制是特定的浏览器及服务器对它的限制。这个限制没有具体规定，一般认为，如果整个 URL 请求的字符数少于 256，是没有问题的。
>
> 而 POST 是没有大小限制的，HTTP 协议规范也没有进行大小限制。POST 的安全性也要比 GET 的安全性高。但是，WebView 的 postUrl (String url, byte[] postData)方法要在 SDK 2.0 版本及以上才支持。
>
> 是以 GET 方式还是 POST 方式，需要根据项目情况进行取舍。

2. 以 Header 方式传递

可以指定 Header，将数据传递到 Web 页面。WebView 的 loadUrl()有一个重载方法 loadUrl (String url, Map<String, String> extraHeaders)，使用此方法即可以设置请求头信息。

第11章 避重就轻—结合 Web 开发 Android 应用

> **经验分享：**
> 设置 header 的方式只是一个选择。由于此方法要在 SDK 2.2 版本及以上才开始支持，实用性并不大。

3. Cookie

Web 传递数据的方式当中，Cookie 是其中一种。SDK 中有一个 android.webkit.CookieManager 类，用来管理 Cookie。参考下面代码。

```
CookieManager cookieManager = CookieManager.getInstance();
cookieManager.removeSessionCookie();
cookieManager.setCookie(domain, cookieString);
CookieSyncManager.getInstance().sync();
```

Web 页面可以通过 JS 的方式获取 Cookie 的内容。

> **经验分享：**
> 以上使用 CookieManager 设置 Cookie 的代码，在测试过程中发现并不一定会出现预期想要的结果。如果将"cookieManager.removeSessionCookie();"这句注释掉，则可以起作用。查找资料，众说纷纭，在 removeSessionCookie 和 setCookie 方法之间，需要等待一段时间，才能设置成功，但没有官方解释。建议将此方式作为一个备选方法，尽量不用此方式。

4. 通过调用 Web 页面的 JS 传递数据

Web 页面中可以写一个 JavaScript 方法，专门用来获取传入的数据。本地应用通过调用 Web 页面中的 JavaScript 方法，将数据传递过去。具体的调用方法，这里先不做说明，请参考下面的章节。

> **经验分享：**
> 上面讲述的几种方式是笔者想到的一些通用的方法，也可以使用文件、数据库等方式进行传递，但是这些方式的确是相对复杂一些了。向 Web 页面传递数据，现在还没有特别完善的方式。建议对安全性要求不高的应用使用 GET 方式传递数据就可以了。

11.3.2　本地代码调用 Web 页面 JavaScript 方法

WebView 的功能很强大,本地 Java 代码可以很方便地调用 Web 页面上的 JavaScript 方法。

这里还是以 Web 页面希望从本地应用获取登录名举例。

Web 页面上定义了一个 JavaScript 方法,这个方法用来传入登录名,然后将传入的登录名保存到 cookie 当中。

```
<script type="text/javascript">
    function storename(name) {
        var expireDate = new Date();
        expireDate.setTime(expireDate.getTime() + (1 * 24 * 3600 * 1000));
        documents.cookie = "loginname=" + escape(name)
            + ";expires=" + expireDate.toGMTString();
    }
</script>
```

在本地代码的适当的地方增加下面的代码示例。

```
myWebView.loadUrl("javascript:storename('gaolei')");
```

就可以将用户名传入到 Web 页面当中。

> **经验分享:**
>
> 本地代码调用 Web 页面的 JavaScript 方法的时机比较重要。一方面如果在页面还未载入完成的时候调用,会找不到该方法,而导致调用失败。另一方面如果已经转换到了其他页面,也无法找到该方法而导致调用失败。所以,一定要保证是在页面载入完成之后、跳转出去之前进行调用。
>
> 如果当前载入的页面也需要传入的数据,问题就比较棘手了。因为页面完成载入以后才能调用方法,传入数据;而传入的数据在页面载入的过程中就需要使用。这个情况可以使用页面跳转来解决。本地代码先把需要的数据一次性通过调用 JavaScript 的方式传递到某初始的 Web 页面,在初始页面中保存到 session 或者 cookie,初始 Web 页面再跳转到主页面。其他页面通过获取 session 或者 cookie 得到想要的值。

11.3.3　Web 页面调用本地 Java 方法

如果仅仅是本地代码能够调用 Web 页面的 JavaScript 方法,这是不够的;更多

第 11 章　避重就轻—结合 Web 开发 Android 应用

的时候，开发者是想在 Web 页面中能够回调本地方法的代码。比如，Web 页面想发送短信，或者想获取地理位置信息等，如果仅仅用 Web 页面实现是非常困难的。这个时候，就需要在 Web 页面中回调本地方法。

下面以 Web 页面发送短信为例，说明如何从 Web 页面回调本地的方法。

先来看 WebView 提供的一个方法：

public void addJavascriptInterface（Object obj，String interfaceName）。

阅读 API 说明能够理解这个方法主要用来连接 Java 和 JavaScript 的，通过连接可以在 Web 页面中使用 JavaScript 调用 Java 的本地接口。参数 obj 是绑定的 Java 对象，interfaceName 是 JavaScript 中使用的对象名。

新建一个类 JSInterface，在这个类中写一个 sendSms() 方法，以提供给 Web 页面回调。下面是 JSInterface 的完整代码。

```java
// import 略
public class JSInterface {

    private Context context;

    public JSInterface(Context context) {
        this.context = context;
    }

    // 发送短信的方法
    public void sendSms(String phoneNumber, String content) {
        SmsManager smsManager = SmsManager.getDefault();
        PendingIntent sentIntent = PendingIntent.getBroadcast(context, 0,
            new Intent(), 0);
        if (content.length() > 70) {
            List<String> msgs = smsManager.divideMessage(content);
            for (String msg : msgs) {
                smsManager.sendTextMessage(phoneNumber, null, msg, sentIntent,
                    null);
            }
        } else {
            smsManager.sendTextMessage(phoneNumber, null, content, sentIntent,
                null);
        }
    }
}
```

然后需要在包含 WebView 的 Activity 中加入下面代码片段。

```java
myWebView = (WebView) findViewById(R.id.webview);
```

```
WebSettings webSetting = myWebView.getSettings();
webSetting.setJavaScriptEnabled(true);
myWebView.addJavascriptInterface(new JSInterface(this), "example");
myWebView.loadUrl("http://www.example.com/demo.html");
```

注意这句":myWebView.addJavascriptInterface(new JSInterface(this), "example");",就是将 JavaScript 的 example 对象绑定到 Java 的 JSInterface 对象。

然后在 Web 页面中加入下面代码片段。

```
<input type="button" value="发送短" onclick="javascript:example.sendSms('13500000000', 'hello')"/>
```

单击 Web 页面上的"发送短信"按钮,则回调 JSInterface 对象的 sendSms()方法。这里需要注意的是,JavaScript 中调用的方法的参数个数必须与 Java 中相应的方法的参数个数相同。

> **经验分享:**
> 需要注意的是,JavaScript 的回调是在另外的线程中做的,而不是在 UI 主线程中。所以,如果回调的代码中需要更新 UI 等操作,就可能出现异常。此时,可以在回调的代码中使用 Handler 机制发送一个消息,UI 主线程接受该消息后实现具体更新 UI 的业务逻辑。

前面说到过 WebView 可以设置 setWebChromeClient(),参数是一个 WebChromeClient 对象。打开 WebChromeClient 的 SDK API,可以看到有一些方法,比如 onJsAlert()、onJsConfirm()、onJsPrompt()等,看看方法名字好像与 JavaScript 中的 window.alert()、window.confirm()、window.prompt()方法有一定的关联。事实上,的确是有关联的。如果用户的应用想自己实现这些 UI,则可以重写这些方法。

下面以实现 window.confirm(msg)举例进行说明。这里希望在 Web 页面调用 window.confirm(msg)方法以后弹出一个 Dialog 窗口,向用户提示具体的 msg 信息,用户可以选择"是"和"否"进行确认,Web 页面可以根据用户的选择,实现后续的业务逻辑。

首先在包含 WebView 的 Activity 中实现一个内部类继承于 WebChromeClient,重写 onJsConfirm()方法。

```
private class MyWebChromeClient extends WebChromeClient {

    @Override
    public boolean onJsConfirm(final WebView view, String url,
```

第 11 章 避重就轻—结合 Web 开发 Android 应用

```java
            final String message, final JsResult result) {
        final AlertDialog.Builder builder = new AlertDialog.Builder(
                view.getContext());
        builder.setTitle("请确认").setMessage(message)
                .setPositiveButton("是", new OnClickListener() {
                    @Override
                    public void onClick(DialogInterface dialog, int which) {
                        result.confirm();
                    }
                }).setNeutralButton("否", new OnClickListener() {
                    @Override
                    public void onClick(DialogInterface dialog, int which) {
                        result.cancel();
                    }
                });
        builder.setOnCancelListener(new OnCancelListener() {
            @Override
            public void onCancel(DialogInterface dialog) {
                result.cancel();
            }
        });
        builder.show();
        return true;
    }
}
```

在 Activity 里加入如下代码片段：

```java
WebSettings webSetting = myWebView.getSettings();
webSetting.setJavaScriptEnabled(true);
myWebView.setWebChromeClient(new MyWebChromeClient());
```

Web 页面的代码片段：

```javascript
var result = window.confirm("确实要关闭本窗口吗？");
if (result) {
    // JS 代码具体的业务逻辑
}
```

当执行上面的 JS 语句以后，就会弹出如图 11-2 所示的 Dialog 窗口，提示用户进行确认。

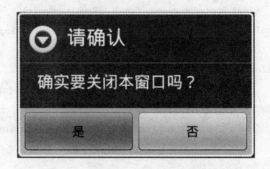

图 11-2　实现 Confirm 的弹出窗口

> **经验分享：**
> 　　Android 应用的设计有一些不成文的标准，比如提示信息，一般会用 Toast 的方式进行提示。如果 Web 页面也需要提示用户一些信息，就可以回调本地实现的一个方法，本地的这个方法可以对 Toast 进行封装，这样 Web 页面就能够使用 Toast 的方式进行一些简单的提示了。
> 　　使用 JS 回调的方式，也可以从 Web 页面切换回本地的某 Activity 页面。

> **经验分享：**
> 　　通过 Web 调用本地的 Java 方法是不安全的。比如，客户端开放了发送短信的接口，此接口的调用方式被某些用户知道以后，就可以想办法在访问的页面中注入 JavaScript 实现短信的发送。当用户从应用中访问了包含注入代码的页面以后，就发送短信了。
> 　　解决办法：一个是从客户端着手，保证应用中直接访问到的都是自己可以控制的 Web 页面，不要在当前应用中跳转到第三方页面。如果一定需要跳转，则打开另外的浏览器浏览。或者，在代码中对当前的请求地址进行监控，如果不是自己服务器的 Domain 地址，则不允许回调任何本地方法。另一个是从 Web 页面着手，加强 Web 页面的安全性，如果有的页面允许用户输入，务必对恶意代码进行过滤。在 Web 页面中防止恶意代码的注入。

11.4　Web 页面的 JavaScript 调试

开发 Android 上的 Web 页面,有的时候需要在 Android 模拟器或者真机上调试 JavaScript。熟悉 Web 开发的开发者一般对 JavaScript 中的 console 相关的 API 比较熟悉。Android 的 WebView 支持使用 console 来进行 JavaScript 的调试。调试的信息会输出在 Logcat 当中。

Android 并没有实现 console 的所有 API,可以使用下面的几个方法:

```
console.log(String)
console.info(String)
console.warn(String)
console.error(String)
```

如果想要将 JavaScript 的 console 调试信息输出到 Logcat,就需要重写 WebChromeClient 中的 onConsoleMessage() 方法,并且设置 WebView 的 WebChromeClient。

如果调试环境是 Android 2.1 版本,则需要重写 onConsoleMessage(String, int, String) 方法。

```
private class MyWebChromeClient extends WebChromeClient {
    @Override
    public void onConsoleMessage(String message, int lineNumber,
            String sourceID) {
        Log.d("Example", message + " -- From line " + lineNumber
                + " of " + sourceID);
    }
}
```

在 Android 2.2 版本的 SDK 中,上述的方法被设置成 @Deprecated,又提供了一个新的重载方法 onConsoleMessage(ConsoleMessage)。所以如果是 2.2 及以上版本,则需要重写这个方法。

```
private class MyWebChromeClient extends WebChromeClient {
    @Override
    public boolean onConsoleMessage(ConsoleMessage cm) {
        Log.d("Example", cm.message() + " -- From line " + cm.lineNumber()
                + " of " + cm.sourceId());
        return true;
    }
}
```

在包含 WebView 的 Activity 中写好了内部类以后,还需要在 Activity 里加入如下代码片段,使得 console 起作用。

```
WebSettings webSetting = myWebView.getSettings();
webSetting.setJavaScriptEnabled(true);
myWebView.setWebChromeClient(new MyWebChromeClient());
```

在 Web 页面中写入类似"console.log("Hello World");"的语句,则会在 Logcat 中看到类似下面的信息输出。

```
Hello World - - From line 82 of http://www.example.com/hello.html
```

经验分享:

在 Android 中调试 Web 页面,速度相对比较慢。每次调试都需要经过编译、打包、上传到设备、安装等过程。所以,最好是尽量多利用浏览器或者其他工具进行调试,调试成功以后再使用 Android 系统测试。

11.5 常用移动设备 Web 开发框架

11.5.1 jQuery Mobile 框架简介

jQuery Mobile 是 jQuery 在手机上和平板设备上的版本,不仅会给主流移动平台带来 jQuery 核心库,而且发布了一个完整统一的 jQuery 移动 UI 框架。开发人员可以用 jQuery Mobile 为许多移动设备(包括智能手机和平板电脑)开发 Web 应用程序。

如果要使用 jQuery Mobile,只需要在开发的 Web 界面中包含如下 3 个内容即可:

① CSS 文件 jquery.mobile-1.0.min.css。
② jQuery 的 js 库 jquery.js。
③ jQuery Mobile 的 js 库 jquery.mobile-1.0.min.js。

开发人员可以在开发的页面上直接引用 jQuery 官方网站上的这些文件,也可以将这些文件下载后上传到自己的服务器。

以下代码可以作为 jQuery Mobile Web 应用程序的基本模板。

```
<html>
  <head>
    <title>jQuery Mobile Demo</title>
```

```html
    <meta name="viewport" content="width=device-width, initial-scale=1">
    <link rel="stylesheet" href="jquery/jquery.mobile-1.0.min.css" />
    <script type="text/javascript" src="jquery/jquery.js"></script>
    <script type="text/javascript" src="jquery/jquery.mobile-1.0.min.js"></script>
  </head>
  <body>
    <div data-role="page">

      <div data-role="header">
        <h1>Page Title</h1>
      </div>

      <div data-role="content">
        <p>Page content.</p>
      </div>

      <div data-role="footer">
        <h4>Page Footer</h4>
      </div>
    </div>
  </body>
</html>
```

本节不继续深入介绍 jQuery Mobile 相关技术,只是抛砖引玉,给开发者介绍一种 Mobile 设备上的 Web 开发框架,感兴趣的读者可以到其官方网站(http://jquerymobile.com)详细了解。

经验分享:

基于 jQuery Mobile 开发出来的 Web 应用非常美观,很接近本地应用。但是在项目过程中发现,在一般的 Android 手机上,载入 Web 页面的时间较长,平均要达到 2~3 s。而同样的一个基于 jQuery Mobile 开发的页面,在 IPhone 上载入,平均需要不到 1 s。可以看到,由于 Android 手机五花八门,性能也高低不一,使用 jQuery Mobile 开发的 Web 应用,必然会影响一部分 Android 手机用户的体验。所以,如果对于 Web 应用的速度比较介意,尽量不去选择这些框架,而是自己实现 CSS 样式布局和需要的 JavaScript 库。

11.5.2 Sencha Touch 框架简介

Sencha Touch 是世界上第一个基于 HTML5 的 Mobile App 框架,可以让 Web App 看起来像 Native App。美丽的用户界面组件和丰富的数据管理,全部基于最新的 HTML5 和 CSS3 的 WEB 标准,全面兼容 Android 和 Apple iOS 设备。

下面是 Sencha 官方给出的几点特性:

① 基于最新的 WEB 标准,包括 HTML5、CSS3、JavaScript。整个库在压缩后大约 120 KB,通过禁用一些组件还会使它更小。

② 兼容 Apple iOS 3+、Android 2.1+、和 BlackBerry 6+ 设备。

③ 增强的触摸事件。在 touch start、touch end 等标准事件基础上,增加了一组自定义事件数据集成,如 tap、swipe、hode、pinch、rotate 等。

④ 数据集成。提供了强大的数据包,通过 Ajax、JSONP、YQL 等方式绑定到组件模板,写入本地离线存储。

> **经验分享:**
>
> 相对于 jQuery Mobile 来说,Sencha Touch 可以支持更加丰富的交互,但是需要开发者更加熟悉 JavaScript 语言。
>
> jQuery Mobile 和 Sencha Touch 官方网站都说明支持 Android 2.1 及以上版本。所以,如果选择基于这两种框架进行 Web 应用的开发,还需要对 Android 2.0 及以下版本进行仔细测试。

11.5.3 PhoneGap 开发平台简介

PhoneGap 是一个用基于 HTML、CSS 和 JavaScript 的,创建跨平台移动应用程序的快速开发框架。使用 PhoneGap,开发者能够方便地在 Web 页面中利用 iPhone、Android、Symbian、WebOS 和 Blackberry 智能手机的核心功能——包括地理定位、加速器、联系人、声音和振动等。此外,PhoneGap 还拥有丰富的插件,可以进行功能扩展。

PhoneGap 将移动设备本身提供的复杂 API 进行了抽象和简化,提供了一系列丰富的 API 供开发者调用。只要开发者会 HTML 和 Javascript 语言,就可以利用 PhoneGap 提供的 API 去调用各种功能,就能开发出各种手机平台上运行的应用。

目前 PhoneGap 的最新版本已经对 Android 实现了完美的支持。

图 11-3 展示了 PhoneGap 对于各平台的支持情况。

PhoneGap 可以与 jQuery Mobile 或者 Sencha Touch 结合进行开发。更多的请

第 11 章　避重就轻——结合 Web 开发 Android 应用

	iPhone/iPhone	iPhone 3GS newer	Android	OS 4.6-4.7	OS 5.x	OS 6.0+	WebOS	WP7	Symbian	Bada
ACCELEROMETER	✓	✓	✓	✓	✓	✓	✓	✓	✓	✓
CAMERA	✓	✓	✓	✗	✓	✓	✓	✓	✓	✓
COMPASS	✗	✓	✓	✗	✗	✗	✗	✓	✗	✓
CONTACTS	✓	✓	✓	✓	✓	✓	✗	✗	✓	✓
FILE	✓	✓	✓	✓	✓	✓	✓	✓	✓	✗
GEOLOCATION	✓	✓	✓	✓	✓	✓	✓	✓	✓	✓
MEDIA	✓	✓	✓	✓	✓	✓	✓	✓	✗	✗
NETWORK	✓	✓	✓	✓	✓	✓	✓	✓	✓	✓
NOTIFICATION (ALERT)	✓	✓	✓	✓	✓	✓	✓	✓	✓	✓
NOTIFICATION (SOUND)	✓	✓	✓	✓	✓	✓	✓	✓	✓	✓
NOTIFICATION (VIBRATION)	✓	✓	✓	✓	✓	✓	✓	✓	✓	✓
STORAGE	✓	✓	✓	✗	✓	✓	✓	✓	✓	✗

图 11-3　PhoneGap 对于各平台的支持情况

参考 PhoneGap 官方网站：http://phonegap.com/。

经验分享：

　　PhoneGap 对手机的核心功能进行了封装，使得 Web 开发者很容易地就能使用 PhoneGap 开发出能够应用于各种手机平台上的应用。不过，PhoneGap 也有致命缺陷——运行速度实在太慢，用户很难接受。相信随着手机硬件和技术的发展，这个问题早晚会被解决。但是如今的应用，如果打算基于 PhoneGap 进行开发，还是需要仔细调研的。

　　如果应用中只想用到 PhoneGap 中的一小部分功能，比如只想用地理定位功能，那么使用整个 PhoneGap 就太浪费了。建议开发者可以用本地代码开发出相关接口，然后在 Web 页面通过 JavaScript 回调，自己来实现 PhoneGap 中的功能。这样，速度会快很多，体验性会有质的提高。

第 12 章
细节决定成败——Android 应用程序的优化

在手机等设备上进行应用程序的开发,由于设备的处理速度、内存等资源都无法与 PC 相比,因此需要做更多的优化工作。而 Android 设备本身有自己的一些特点,比如市面上各种硬件设备混杂、各种 ROM 版本也混杂,这就使得 Android 应用程序的优化工作,变得更为重要。

本章主要从内存和 UI 两方面说明如何进行优化,并且说明如何处理程序的 Crash 以改进应用程序的后续版本。

12.1 对应用内存的优化

12.1.1 Android 程序的内存概述

首先来简单回顾一下 Java 语言的内存回收机制。内存空间中垃圾回收的工作是由垃圾回收器(Garbage Collector,即 GC)完成的。它的核心思想是,对虚拟机可用的内存空间,即堆空间中的对象进行识别,如果对象正在被引用,那么称其为存活对象,内存空间不能回收。反之,如果对象不再被引用,则称其为垃圾对象,可以回收其占据的内存空间,用于再分配。

那什么是 Java 中的内存泄露？Java 下的内存泄漏的概念和 C/C++中的不一样。C/C++中的内存泄露是指,用动态存储分配函数动态开辟的空间,在使用完毕后未释放,结果导致一直占据该内存单元,直到程序结束。Java 中不需要手动释放分配的内存,Java 中的内存泄漏实际上是指,虽然程序一直持有着某个对象的引用,但是从程序的逻辑上看,这个对象再也不会被用到了。当这种情况发生时,我们就认为这个对象发生了内存泄露。如果这种情况偶尔发生,问题还不大。如果这种情况持续增加,内存泄露就会越来越多,最终就会导致内存不足,OutOfMemory 异常发生。

第 12 章　细节决定成败—Android 应用程序的优化

Android 系统中虽然没有使用 Java 虚拟机，而是采用的 Dalvik 虚拟机，但是从原理上来看，以上的概念也都是适用的。除了需要了解 Java 的内存管理以外，Android 系统对应用程序的内存管理也有着自己的一些特点。

一般来说，Android 应用程序都是在自己单独的进程中运行（也可以运行于多个进程中，但是一般不这么做）。Android 系统为不同类型的进程分配了不同的内存使用上限，如果应用进程使用的内存超过了这个上限，则会被系统视为内存泄漏，整个进程都被系统杀死。一般的，Android 系统对于应用的内存的限制是 24M（老的机型是 16M，某些新的机型可能更大）。对于一般的简单的应用来说，24M 可能是够用的。但是对于游戏开发、或者是图形处理应用来说，如果设计不合理，代码质量也比较差，可能很容易就会达到 24M 的上限，最终导致 OutOfMemory 异常发生。

所以，相对于桌面应用开发来说，Android 的应用开发由于硬件和系统限制，内存资源相对有限，有的时候需要想办法让应用程序突破限制，以能够使用更多的内存空间。

有几种方式可以使用更多的内存：

① 使用 NDK 和 JNI，在 C/C++ 代码中分配和释放内存空间。用这种方式分配的内存空间是不被算在 24M 的内存限制中的。所以，如果应用当中有保存大量数据到内存空间的需求（比如图片），或者计算量比较大，需要很多内存空间，可以考虑使用这种方式。

② 对于图片处理，还有另外一种方式，就是使用 OpenGL 的 textures。OpenGL 的 textures 的内存空间也不被算在 24M 的内存限制中。

③ Android 系统的内存空间限制是针对于进程来说的。默认的，同一应用程序运行在同一个进程中。但是，也可以在一个应用程序中运行多个进程，进程之间可以通过 IPC 方式进行数据通信。如果应用中有一部分工作非常消耗内存，可以考虑将其放到另外的进程中执行。这样，每个进程都各自有一份内存空间了。

上面介绍的几种方式能够让应用突破内存限制，以使用系统更多的内存空间。但是在实际的项目里，更普遍的情况是，开发者在设计和实现阶段并没有关心内存情况，而是在测试过程中才发现偶尔出现了内存不够的情况。这个时候，就需要对内存进行分析，找到内存泄露的原因。

如果发现有内存泄露的迹象，那么一般采用下面的步骤进行分析：

① 把 JVM 中的堆保存下来。可以用 JDK 有自带的 jmap 工具，也可以使用 Eclipse 中的某些插件，比如 DDMS。

② 针对保存的堆文件，可以使用 Java 堆分析的工具，找出可疑的对象。

③ 查看程序的源代码，分析可疑的对象和其他对象的引用关系，找出可疑的对象数量过多的原因，以及没有及时释放的原因。

下面来讲如何通过一些辅助工具来查找 Android 应用的内存泄露。

12.1.2　追踪内存—使用内存优化辅助工具

前面的章节讲到分析内存泄露的一般步骤。其实,不仅仅是要等到发现有内存泄露的时候,才进行内存分析,在 Android 应用开发的后期,一般都需要做内存的优化工作。一个是尽量较少内存泄露的发生,避免 OutOfMemory 异常发生,另一个是尽量减少内存使用,优化应用的运行速度。通常做内存优化工作需要有多年的开发经验,还好现在已经有很多的辅助工具,可以帮助开发者做一些专业的分析。使用 Eclipse 的开发者就可以方便地使用 DDMS 和 Memory Analyzer(MAT)工具辅助内存优化的工作。

Memory Analyzer 是一款免费的 Java 内存分析软件,可用于辅助查找 Java 程序的内存泄漏。它是基于 Eclipse RPC 开发的,可以下载 RPC 的独立版本,也可以下载 Eclipse 的插件。Memory Analyzer 主要是基于 JVM 生成的堆存储文件进行分析的。不同厂商的 JVM 所生成的堆转储文件,在数据存储格式以及数据存储内容上有很大区别,Memory Analyzer 不是一个万能工具,并不能处理所有类型的堆存储文件。但是相对比较主流的厂家和数据格式,例如 Sun、HP、SAP 所采用的 HPROF 二进制堆存储文件,以及 IBM 的 PHD 堆存储文件等,都能被很好地解析。

下面以使用 Memory Analyzer 的 Eclipse 插件为例来详细介绍。

插件的安装这里不再详述,可以使用 Eclipse 在网络上直接安装。最新的 Release 版本是 1.1.0,安装地址是 http://download.eclipse.org/mat/1.1/update-site/。

安装好了插件以后,就利用 DDMS 和 MAT 两个工具来详细说明一下如何查看内存情况。

先来说 DDMS 中如何查看内存情况。

① 在 eclipse 中打开 DDMS 透视图,并确认 Devices 视图和 Heap 视图都打开了。

② 在 Devices 视图中单击选中想要监测的进程,比如"com.example"进程。单击以后,上方的图标就都被点亮了,就都可以用了,如图 12-1 所示。

③ 单击选中 Devices 视图界面中最上方一排图标中的 Update Heap 图标。

④ 单击 Heap 视图中的 Cause GC 按钮。

⑤ 此时在 Heap 视图中就会看到当前选中的进程的内存使用量的详细情况,如图 12-2 所示。

在应用运行的状态下可以实时看到堆的状态情况。那么如何判断是否有内存泄漏的可能呢?这里特别需要注意 data object,即数据对象,也就是程序中大量存在的对象。在 data object 行中有一列是 Total Size,其值就是当前进程中所有 Java 数据对象的内存总量。一般情况下,这个值的大小决定了是否会有内存泄漏。

不断地操作当前应用,同时注意观察 data object 的 Total Size 值。正常的情况

第 12 章　细节决定成败——Android 应用程序的优化

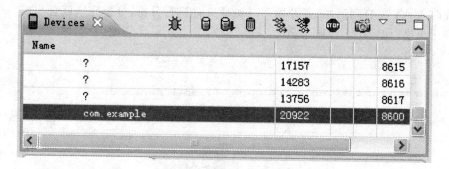

图 12 - 1　Devices 视图

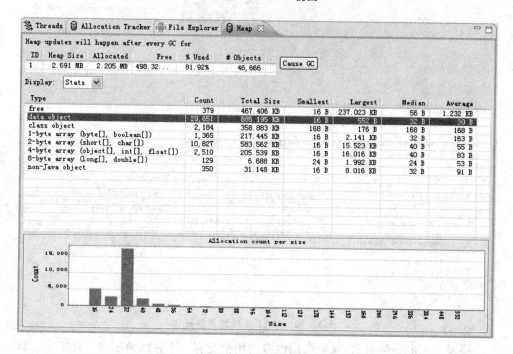

图 12 - 2　Heap 视图

下,当操作一定阶段以后,Total Size 值会稳定在一个有限的范围内。以图 12 - 2 的应用为例,基本会稳定在 800K～900K 之间。也就是说,由于程序中的的代码良好,虽然不断操作会不断生成很多对象,但在虚拟机不断地进行垃圾回收的过程中,这些对象都被回收了,内存占用量也就会稳定在一个范围区间内。反之,如果代码中存在没有释放对象引用的情况,则 data object 的 Total Size 值在每次垃圾回收后不会有很明显的回落。随着操作次数的增多,Total Size 的值会变得越来越大。

如果发现可能有内存泄露的情况发生,则可以继续使用 MAT 工具来进行分析。

单击 Devices 视图界面中最上方一排图标中的 Dump HPROF file 图标,则 DDMS 工具自动生成当前选中进程的.hprof 文件。如果已经安装了 MAT 插件,那么此时 MAT 将自动启用,并开始对.hprof 文件进行分析,分析完毕就会生成一个报告展示出来,如图 12-3 所示。

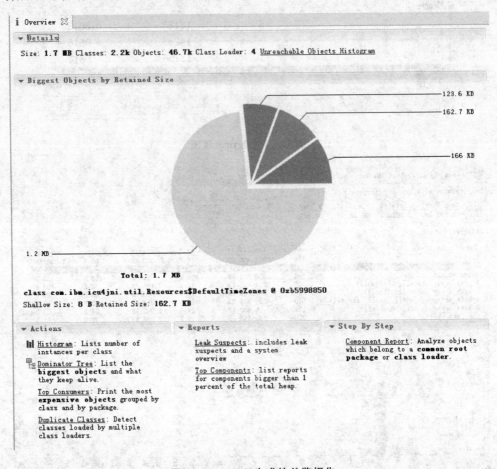

图 12-3 MAT 生成的总览报告

通过上面的报告概览,就对应用内存占用情况有一个总体的了解。接下来,可以看看生成的报告中都包括什么内容。可以单击工具栏上的 Leak Suspects 来查看生成的内存泄露分析报告,也可以直接单击饼图下方的 Reports→Leak Suspects 链接来生成报告。

内存泄露分析报告如图 12-4 所示。

在 Leak Suspects 报告里,MAT 会把可疑的点都列出来。开发者可以根据报告的具体内容,结合自己的代码逻辑,判断该疑点是否是内存泄露的主要原因。

以图 12-4 举例,在报告上方最醒目的就是一张饼图,从图上我们可以清晰地看到一共有 3 可疑点,消耗了系统绝大部分的内存。在图的下方,就是对这几个可疑点的进一步描述,可以根据描述寻找具体的线索。

第12章 细节决定成败——Android应用程序的优化

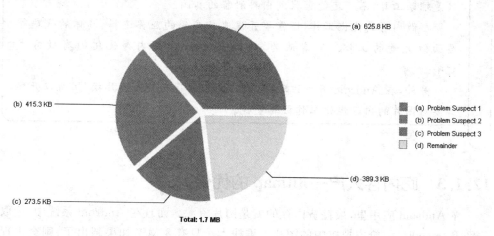

图12-4 MAT生成的内存泄露分析报告

> **经验分享：**
>
> 　　以上只介绍了DDMS工具中的Heap视图,这个视图是常用的。除了Heap视图以外,还有几个视图是可以在优化过程中用到的。
>
> 　　① Threads视图。DDMS中的线程监控和评测浏览对于管理大量线程的应用很有用。要启用,则单击Update Threads图标即可开始。Threads视图窗口会显示面向选中VM进程的所有线程的名称和一些细节。
>
> 　　② Allocation Tracker视图。Allocation Tracker视图中显示了有关内存分配的更深层细节。单击Start Tracking,在应用中执行某个操作,然后单击Get Allocations即可在Allocation Tracker视图中看到堆栈的分配情况。

经验分享：

DDMS 工具可以帮用户判断是否有内存泄露，MAT 工具可以帮用户找出内存泄露的可疑对象。尽管有工具可以帮助做内存的分析，但是它们也只是辅助工具，不一定能够找到内存泄露的真凶。

要做内存的优化工作，还需要开发者从应用的业务逻辑、具体的代码等层面做大量的工作。笔者认为，代码 Review 也是内存优化的有效方式之一。

另外，在 Android 开发过程中，最容易耗内存的就是图片操作，所以开发者要对图片的内存优化工作极其重视。

12.1.3　吃内存大户——Bitmap 的优化

在 Android 应用里，最耗费内存的就是图片资源。而且在 Android 系统中，读取位图 Bitmap 时，分给虚拟机中的图片的堆栈大小只有 8 MB；如果超出了，则会出现 OutOfMemory 异常。所以，对于图片的内存优化，是 Android 应用开发中比较重要的内容，在这里单独作为一节详细讨论。

1. 要及时回收 Bitmap 的内存

Bitmap 类有一个方法 recycle()，从方法名可以看出意思是回收。这里就有疑问了，Android 系统有自己的垃圾回收机制，可以不定期地回收掉不使用的内存空间，当然也包括 Bitmap 的空间。那为什么还需要这个方法呢？

Bitmap 类的构造方法都是私有的，所以开发者不能直接 new 出一个 Bitmap 对象，只能通过 BitmapFactory 类的各种静态方法来实例化一个 Bitmap。仔细查看 BitmapFactory 的源代码可以看到，生成 Bitmap 对象最终都是通过 JNI 调用方式实现的。所以，加载 Bitmap 到内存里以后，是包含两部分内存区域的。简单说，一部分是 Java 部分的，一部分是 C 部分的。这个 Bitmap 对象是由 Java 部分分配的，不用的时候系统就会自动回收了，但是那个对应的 C 可用的内存区域，虚拟机是不能直接回收的，这个只能调用底层的功能释放。所以需要调用 recycle()方法来释放 C 部分的内存。从 Bitmap 类的源代码也可以看到，recycle()方法里也的确调用了 JNI 方法。

那如果不调用 recycle()，是否就一定存在内存泄露呢？也不是的。Android 的每个应用都运行在独立的进程里，有着独立的内存，如果整个进程被应用本身或者系统杀死了，内存也就都被释放掉了，当然也包括 C 部分的内存。

Android 对于进程的管理是非常复杂的。简单地说，Android 系统的进程分为几个级别,系统会在内存不足的情况下杀死一些低优先级的进程,以提供给其他进程充足的内存空间。在实际项目开发过程中,有的开发者会在退出程序的时候使用Process.killProcess(Process.myPid())的方式将自己的进程杀死,但是有的应用仅仅会使用调用Activity.finish()方法的方式关闭掉所有的Activity。

> **经验分享:**
>
> Android手机的用户,根据习惯不同,可能会有两种方式退出整个应用程序:一种是按Home键直接退到桌面;另一种是从应用程序的退出按钮或者按Back键退出程序。那么从系统的角度来说,这两种方式有什么区别呢?按Home键,应用程序并没有被关闭,而是成为了后台应用程序。按Back键,一般来说,应用程序关闭了,但是进程并没有被杀死,而是成为了空进程(程序本身对退出做了特殊处理的不考虑在内)。
>
> Android系统已经做了大量进程管理的工作,这些已经可以满足用户的需求。个人建议,应用程序在退出应用的时候不需要手动杀死自己所在的进程。对于应用程序本身的进程管理,交给Android系统来处理就可以了。应用程序需要做的,是尽量做好程序本身的内存管理工作。

一般来说,如果能够获得Bitmap对象的引用,就需要及时调用Bitmap的recycle()方法来释放Bitmap占用的内存空间,而不要等Android系统来进行释放。

下面是释放Bitmap的示例代码片段。

```
// 先判断是否已经回收
if(bitmap != null && ! bitmap.isRecycled()){
    // 回收并且置为null
    bitmap.recycle();
    bitmap = null;
}
System.gc();
```

从上面的代码可以看到,bitmap.recycle()方法用于回收该Bitmap所占用的内存,接着将bitmap置空,最后使用System.gc()调用系统的垃圾回收器进行回收,可以通知垃圾回收器尽快进行回收。这里需要注意的是,调用System.gc()并不能保证立即开始进行回收过程,而只是为了加快回收的到来。

> **经验分享：**
> Android 系统在进行垃圾回收的过程中，也会占用大量的 CPU 和内存。所以，如果开发应用的实时性要求特别高，可能就会有卡顿的情况发生。所以，在某些场合下，频繁地调用 System.gc() 也并不可取。

如何调用 recycle() 方法进行回收已经了解了，那什么时候释放 Bitmap 的内存比较合适呢？一般来说，如果代码已经不再需要使用 Bitmap 对象了，就可以释放了。释放内存以后，就不能再使用该 Bitmap 对象了，如果再次使用，就会抛出异常。所以一定要保证不再使用的时候释放。比如，如果是在某个 Activity 中使用 Bitmap，就可以在 Activity 的 onStop() 或者 onDestroy() 方法中进行回收。

2. 捕获异常

因为 Bitmap 是吃内存大户，为了避免应用在分配 Bitmap 内存的时候出现 OutOfMemory 异常以后 Crash 掉，需要特别注意实例化 Bitmap 部分的代码。通常，在实例化 Bitmap 的代码中，一定要对 OutOfMemory 异常进行捕获。

以下是代码示例。

```
Bitmap bitmap = null;
try {
    // 实例化 Bitmap
    bitmap = BitmapFactory.decodeFile(path);
} catch (OutOfMemoryError e) {
    //
}
if (bitmap == null) {
    // 如果实例化失败 返回默认的 Bitmap 对象
    return defaultBitmapMap;
}
```

这里对初始化 Bitmap 对象过程中可能发生的 OutOfMemory 异常进行了捕获。如果发生了 OutOfMemory 异常，应用不会崩溃，而是得到了一个默认的 Bitmap 图。

第 12 章　细节决定成败—Android 应用程序的优化

经验分享：

很多开发者会习惯性地在代码中直接捕获 Exception。但是对于 OutOfMemoryError 来说，这样做是捕获不到的。因为 OutOfMemoryError 是一种 Error，而不是 Exception。在此仅仅提醒一下，避免写错代码而捕获不到 OutOfMemoryError。

3. 缓存通用的 Bitmap 对象

有时候，可能需要在一个 Activity 里多次用到同一张图片。比如一个 Activity 会展示一些用户的头像列表，而如果用户没有设置头像的话，则会显示一个默认头像，而这个头像是位于应用程序本身的资源文件中的。

如果有类似上面的场景，就可以对同一 Bitmap 进行缓存。如果不进行缓存，尽管看到的是同一张图片文件，但是使用 BitmapFactory 类的方法来实例化出来的 Bitmap，是不同的 Bitmap 对象。缓存可以避免新建多个 Bitmap 对象，避免内存的浪费。

经验分享：

Web 开发者对于缓存技术是很熟悉的。其实在 Android 应用开发过程中，也会经常使用缓存的技术。这里所说的缓存有两个级别，一个是硬盘缓存，一个是内存缓存。比如说，在开发网络应用过程中，可以将一些从网络上获取的数据保存到 SD 卡中，下次直接从 SD 卡读取，而不从网络中读取，从而节省网络流量。这种方式就是硬盘缓存。再比如，应用程序经常会使用同一对象，也可以放到内存中缓存起来，需要的时候直接从内存中读取。这种方式就是内存缓存。

4. 压缩图片

如果图片像素过大，使用 BitmapFactory 类的方法实例化 Bitmap 的过程中，需要大于 8 MB 的内存空间，就必定会发生 OutOfMemory 异常。这个时候该如何处理呢？如果有这种情况，则可以将图片缩小，以减少载入图片过程中内存的使用，避免异常发生。

使用 BitmapFactory.Options 设置 inSampleSize 就可以缩小图片。属性值

inSampleSize 表示缩略图大小为原始图片大小的几分之一。即如果这个值为 2,则取出的缩略图的宽和高都是原始图片的 1/2,图片的大小就为原始大小的 1/4。

如果知道图片的像素过大,就可以对其进行缩小。那么如何才知道图片过大呢?

使用 BitmapFactory.Options 设置 inJustDecodeBounds 为 true 后,再使用 decodeFile() 等方法,并不会真正的分配空间,即解码出来的 Bitmap 为 null,但是可计算出原始图片的宽度和高度,即 options.outWidth 和 options.outHeight。通过这两个值,就可以知道图片是否过大了。

```
BitmapFactory.Options opts = new BitmapFactory.Options();
// 设置 inJustDecodeBounds 为 true
opts.inJustDecodeBounds = true;
// 使用 decodeFile 方法得到图片的宽和高
BitmapFactory.decodeFile(path, opts);
// 打印出图片的宽和高
Log.d("example", opts.outWidth + "," + opts.outHeight);
```

在实际项目中,可以利用上面的代码,先获取图片真实的宽度和高度,然后判断是否需要缩小。如果不需要缩小,设置 inSampleSize 的值为 1。如果需要缩小,则动态计算并设置 inSampleSize 的值,对图片进行缩小。需要注意的是,在下次使用 BitmapFactory 的 decodeFile() 等方法实例化 Bitmap 对象前,别忘记将 opts.inJustDecodeBound 设置回 false。否则获取的 bitmap 对象还是 null。

> **经验分享:**
>
> 如果程序图片的来源都是程序包中的资源,或者是自己服务器上的图片,图片的大小是开发者可以调整的,那么一般来说,就只需要注意使用的图片不要过大,并且注意代码的质量,及时回收 Bitmap 对象,就能避免 OutOfMemory 异常的发生。
>
> 如果程序的图片来自外界,这个时候就特别需要注意 OutOfMemory 的发生。一个是如果载入的图片比较大,就需要先缩小;另一个是一定要捕获异常,避免程序 Crash。

12.1.4　想回收就回收—使用软引用和弱引用

Java 从 JDK1.2 版本开始,就把对象的引用分为 4 种级别,从而使程序能更加灵活地控制对象的生命周期。这 4 种级别由高到低依次为:强引用、软引用、弱引用和虚引用。

第 12 章 细节决定成败——Android 应用程序的优化

这里重点介绍一下软引用和弱引用。

如果一个对象只具有软引用,那么如果内存空间足够,垃圾回收器就不会回收它;如果内存空间不足了,就会回收这些对象的内存。只要垃圾回收器没有回收它,该对象就可以被程序使用。软引用可用来实现内存敏感的高速缓存。软引用可以和一个引用队列(ReferenceQueue)联合使用,如果软引用所引用的对象被垃圾回收,Java 虚拟机就会把这个软引用加入到与之关联的引用队列中。

如果一个对象只具有弱引用,那么在垃圾回收器线程扫描的过程中,一旦发现了只具有弱引用的对象,不管当前内存空间足够与否,都会回收它的内存。不过,由于垃圾回收器是一个优先级很低的线程,因此不一定会很快发现那些只具有弱引用的对象。弱引用也可以和一个引用队列(ReferenceQueue)联合使用,如果弱引用所引用的对象被垃圾回收,Java 虚拟机就会把这个弱引用加入到与之关联的引用队列中。

弱引用与软引用的根本区别在于:只具有弱引用的对象拥有更短暂的生命周期,可能随时被回收。而只具有软引用的对象只有当内存不够的时候才被回收,在内存足够的时候,通常不被回收。

在 java.lang.ref 包中提供了几个类:SoftReference 类、WeakReference 类和 PhantomReference 类,它们分别代表软引用、弱引用和虚引用。ReferenceQueue 类表示引用队列,它可以和这 3 种引用类联合使用,以便跟踪 Java 虚拟机回收所引用的对象的活动。

在 Android 应用的开发中,为了防止内存溢出,在处理一些占用内存大而且声明周期较长的对象时候,可以尽量应用软引用和弱引用技术。

下面以使用软引用为例来详细说明。弱引用的使用方式与软引用是类似的。

假设我们的应用会用到大量的默认图片,比如应用中有默认的头像、默认游戏图标等,这些图片很多地方会用到。如果每次都去读取图片,由于读取文件需要硬件操作,速度较慢,会导致性能较低。所以考虑将图片缓存起来,需要的时候直接从内存中读取。但是,由于图片占用内存空间比较大,缓存很多图片需要很多的内存,就可能比较容易发生 OutOfMemory 异常。这时,可以考虑使用软引用技术来避免这个问题发生。

首先定义一个 HashMap,保存软引用对象。

```
private Map<String, SoftReference<Bitmap>> imageCache = new HashMap<String, SoftReference<Bitmap>>();
```

再来定义一个方法,保存 Bitmap 的软引用到 HashMap。

```
public void addBitmapToCache(String path) {
    // 强引用的 Bitmap 对象
    Bitmap bitmap = BitmapFactory.decodeFile(path);
    // 软引用的 Bitmap 对象
```

```
        SoftReference<Bitmap> softBitmap = new SoftReference<Bitmap>(bitmap);
        // 添加该对象到 Map 中使其缓存
        imageCache.put(path, softBitmap);
    }
```

获取的时候,可以通过 SoftReference 的 get()方法得到 Bitmap 对象。

```
    public Bitmap getBitmapByPath(String path) {
        // 从缓存中取软引用的 Bitmap 对象
        SoftReference<Bitmap> softBitmap = imageCache.get(path);
        // 判断是否存在软引用
        if (softBitmap == null) {
            return null;
        }
        // 取出 Bitmap 对象,如果由于内存不足 Bitmap 被回收,将取得空
        Bitmap bitmap = softBitmap.get();
        return bitmap;
    }
```

使用软引用以后,在 OutOfMemory 异常发生之前,这些缓存的图片资源的内存空间可以被释放掉的,从而避免内存达到上限,避免 Crash 发生。

需要注意的是,在垃圾回收器对这个 Java 对象回收前,SoftReference 类所提供的 get 方法会返回 Java 对象的强引用,一旦垃圾线程回收该 Java 对象之后,get 方法将返回 null。所以在获取软引用对象的代码中,一定要判断是否为 null,以免出现 NullPointerException 异常导致应用崩溃。

经验分享:

到底什么时候使用软引用,什么时候使用弱引用呢?笔者认为,如果只是想避免 OutOfMemory 异常的发生,则可以使用软引用。如果对于应用的性能更在意,想尽快回收一些占用内存比较大的对象,则可以使用弱引用。

还有就是可以根据对象是否经常使用来判断。如果该对象可能会经常使用的,就尽量用软引用。如果该对象不被使用的可能性更大些,就可以用弱引用。

另外,和弱引用功能类似的是 WeakHashMap。WeakHashMap 对于一个给定的键,其映射的存在并不阻止垃圾回收器对该键的回收,回收以后,其条目从映射中有效地移除。WeakHashMap 使用 ReferenceQueue 实现的这种机制。

12.1.5 注重细节—从代码角度进行优化

通常,写程序都是在项目计划的压力下完成的,此时完成的代码可以完成具体业务逻辑,但是性能不一定是最优化的。一般来说,优秀的程序员在写完代码之后都会不断地对代码进行重构。重构的好处有很多,其中一点,就是对代码进行优化,提高软件的性能。下面就从几个方面来了解 Android 开发过程中的代码优化。

1. 静态变量引起内存泄露

在代码优化的过程中,需要对代码中的静态变量特别留意。静态变量是类相关的变量,它的生命周期是从这个类被声明,到这个类彻底被垃圾回收器回收才会被销毁。所以,一般情况下,静态变量从所在的类被使用开始就要一直占用着内存空间,直到程序退出。如果不注意,静态变量引用了占用大量内存的资源,造成垃圾回收器无法对内存进行回收,就可能造成内存的浪费。

先来看一段代码,这段代码定义了一个 Activity。

```
private static Resources mResources;
@Override
protected void onCreate(Bundle state) {
    super.onCreate(state);
    if (mResources == null) {
        mResources = this.getResources();
    }
}
```

这段代码中有一个静态的 Resources 对象。代码片段 mResources = this.getResources() 对 Resources 对象进行了初始化。这时 Resources 对象拥有了当前 Activity 对象的引用,Activity 又引用了整个页面中所有的对象。

如果当前的 Activity 被重新创建(比如横竖屏切换,默认情况下整个 Activity 会被重新创建),由于 Resources 引用了第一次创建的 Activity,就会导致第一次创建的 Activity 不能被垃圾回收器回收,从而导致第一次创建的 Activity 中的所有对象都不能被回收。这个时候,一部分内存就浪费掉了。

经验分享:

在实际项目中,经常会把一些对象的引用加入到集合中,如果这个集合是静态的话,就需要特别注意了。当不需要某对象时,务必及时把它的引用从集合中清理掉。或者可以为集合提供一种更新策略,及时更新整个集合,这样可以保证集合的大小不超过某值,避免内存空间的浪费。

2. 使用 Application 的 Context

在 Android 中，Application Context 的生命周期和应用的生命周期一样长，而不是取决于某个 Activity 的生命周期。如果想保持一个长期生命的对象，并且这个对象需要一个 Context，就可以使用 Application 对象。可以通过调用 Context.getApplicationContext() 方法或者 Activity.getApplication() 方法来获得 Application 对象。

依然拿上面的代码作为例子。可以将代码修改成下面的样子。

```
private static Resources mResources;
@Override
protected void onCreate(Bundle state) {
    super.onCreate(state);
    if (mResources == null) {
        // 原来的代码是"mResources = this.getResources();"修改为下面的代码
        mResources = this.getApplication().getResources();
    }
}
```

在这里将 this.getResources() 修改为 this.getApplication().getResources()。修改以后，Resources 对象拥有的是 Application 对象的引用。如果 Activity 被重新创建，第一次创建的 Activity 就可以被回收了。

3. 及时关闭资源

Cursor 是 Android 查询数据后得到的一个管理数据集合的类。正常情况下，如果没有关闭它，系统会在回收它时进行关闭，但是这样的效率特别低。如果查询得到的数据量较小时还好，如果 Cursor 的数据量非常大，特别是如果里面有 Blob 信息时，就可能出现内存问题。所以一定要及时关闭 Cursor。

下面给出一个通用的使用 Cursor 的代码片段。

```
Cursor cursor = null;
try{
    cursor = mContext.getContentResolver().query(uri,null,null,null,null);
    if (cursor != null) {
        cursor.moveToFirst();
        // 处理数据
    }
} catch (Exception e){
    e.printStatckTrace();
} finally {
    if (cursor != null){
        cursor.close();
```

```
    }
}
```

即对异常进行捕获,并且在 finally 中将 Cursor 关闭。

同样的,在使用文件的时候也要及时关闭。

4. 使用 Bitmap 及时调用 recycle( )

前面的章节讲过,在不使用 Bitmap 对象时,需要调用 recycle()释放内存,然后将它设置为 null。虽然调用 recycle()并不能保证立即释放占用的内存,但是可以加速 Bitmap 的内存的释放。

在代码优化的过程中,如果发现某个 Activity 用到了 Bitmap 对象,却没有显式地调用 recycle()释放内存,则需要分析代码逻辑,增加相关代码,在不再使用 Bitmap 以后调用 recycle()释放内存。

5. 对 Adapter 进行优化

下面以构造 ListView 的 BaseAdapter 为例说明如何对 Adapter 进行优化。

在 BaseAdapter 类中提供了如下方法:

```
public View getView(int position, View convertView, ViewGroup parent)
```

当 ListView 列表里的每一项显示时,都会调用 Adapter 的 getView 方法返回一个 View,以向 ListView 提供所需要的 View 对象。

下面是一个完整的 getView()方法的代码示例。

```
public View getView(int position, View convertView, ViewGroup parent) {
    ViewHolder holder;
    if (convertView == null) {
        convertView = mInflater.inflate(R.layout.list_item, null);
        holder = new ViewHolder();
        holder.text = (TextView) convertView.findViewById(R.id.text);
        convertView.setTag(holder);
    } else {
        holder = (ViewHolder) convertView.getTag();
    }
    holder.text.setText("line" + position);
    return convertView;
}

private class ViewHolder {
    TextView text;
}
```

当向上滚动 ListView 时,getView()方法会被反复调用。getView()的第二个参数convertView是被缓存起来的List条目中的View对象。当ListView滑动的时候，getView可能会直接返回旧的convertView。这里使用了convertView和ViewHolder，可以充分利用缓存，避免反复创建View对象和TextView对象。

如果ListView的条目只有几个，这种技巧并不能带来多少性能的提升。但是如果条目有几百甚至几千个，使用这种技巧只会创建几个convertView和ViewHolder（取决于当前界面能够显示的条目数），性能的差别就非常非常大了。

6. 代码"微优化"

当今时代已经进入了"微时代"。这里的"微优化"指的是代码层面的细节优化，即不改动代码整体结构，不改变程序原有的逻辑。尽管Android使用的是Dalvik虚拟机，但是传统的Java方面的代码优化技巧在Android开发中也都是适用的。

下面简要列举一部分。因为一般Java开发者都能够理解，就不再做具体的代码说明。

- 创建新的对象都需要额外的内存空间，要尽量减少创建新的对象。
- 将类、变量、方法等的可见性修改为最小。
- 针对字符串的拼接，使用StringBuffer替代String。
- 不要在循环当中声明临时变量，不要在循环中捕获异常。
- 如果对于线程安全没有要求，尽量使用线程不安全的集合对象。
- 使用集合对象，如果事先知道其大小，则可以在构造方法中设置初始大小。
- 文件读取操作需要使用缓存类，及时关闭文件。
- 慎用异常，使用异常会导致性能降低。
- 如果程序会频繁创建线程，则可以考虑使用线程池。

经验分享：

　　代码的微优化有很多很多东西可以讲，小到一个变量的声明，大到一段算法。尤其在代码Review的过程中，可能会反复审查代码是否可以优化。不过笔者个人认为，代码的微优化是非常耗费时间的，没有必要从头到尾将所有代码都优化一遍。开发者应该根据具体的业务逻辑去专门针对某部分代码做优化。比如应用中可能有一些方法会被反复调用，那么这部分代码就值得专门做优化。其他的代码，需要开发者在写代码过程中去注意。

第12章 细节决定成败—Android 应用程序的优化

12.2 对界面 UI 的优化

12.2.1 多利用 Android 系统的资源

在 Android 应用开发过程中,屏幕上控件的布局代码和程序的逻辑代码通常是分开的。界面的布局代码是放在一个独立的 xml 文件中的,这个文件里面是树型组织的,控制着页面的布局。通常,在这个页面中会用到很多控件,控件会用到很多的资源。Android 系统本身有很多的资源,包括各种各样的字符串、图片、动画、样式和布局等,这些都可以在应用程序中直接使用。这样做的好处很多,既可以减少内存的使用,又可以减少部分工作量,也可以缩减程序安装包的大小。

下面从几个方面来介绍如何利用系统资源。

1. 利用系统定义的 id

比如有一个定义 ListView 的 xml 文件,一般的,会写类似下面的代码片段。

```
<ListView
    android:id = "@ + id/mylist"
    android:layout_width = "fill_parent"
    android:layout_height = "fill_parent"/>
```

这里定义了一个 ListView,定义它的 id 是"@+id/mylist"。实际上,如果没有特别的需求,就可以利用系统定义的 id,类似下面的样子。

```
<ListView
    android:id = "@android:id/list"
    android:layout_width = "fill_parent"
    android:layout_height = "fill_parent"/>
```

在 xml 文件中引用系统的 id,只需要加上"@android:"前缀即可。如果是在 Java 代码中使用系统资源,和使用自己的资源基本上是一样的。不同的是,需要使用 android.R 类来使用系统的资源,而不是使用应用程序指定的 R 类。这里如果要获取 ListView,则可以使用 android.R.id.list。

2. 利用系统的图片资源

假设在应用程序中定义了一个 menu.xml 文件如下。

```
<?xml version = "1.0" encoding = "utf-8"?>
<menu xmlns:android = "http://schemas.android.com/apk/res/android">
    <item
        android:id = "@ + id/menu_attachment"
        android:title = "附件"
```

```
        android:icon = "@android:drawable/ic_menu_attachment" />
</menu>
```

其中代码片段 android:icon = "@android:drawable/ic_menu_attachment" 本来是想引用系统中已有的 Menu 里的"附件"的图标。但是在 Build 工程以后，发现出现了错误。提示信息如下：

error：Error：Resource is not public. (at 'icon' with value '@android:drawable/ic_menu_attachment').

从错误的提示信息大概可以看出，由于该资源没有被公开，所以无法在应用中直接引用。既然这样，我们就可以在 Android SDK 中找到相应的图片资源，直接复制到工程目录中，然后使用类似 android:icon = "@drawable/ic_menu_attachment" 的代码片段进行引用。

这样做的好处，一个是美工不需要重复做一份已有的图片了，可以节约不少工时；另一个是能保证应用程序的风格与系统一致。

> **经验分享：**
>   Android 中没有公开的资源，在 xml 中直接引用会报错。除了去找到对应资源并复制到自己的应用目录下使用以外，还可以将引用"@android"改成"@*android"解决。比如上面引用的附件图标，可以修改成下面的代码。
>
>   android:icon = "@*android:drawable/ic_menu_attachment"
>
> 修改后，再次 Build 工程就不会报错了。

3．利用系统的字符串资源

假设要实现一个 Dialog，Dialog 上面有"确定"和"取消"按钮。就可以采用下面的代码直接使用 Android 系统自带的字符串。

```
<LinearLayout
    android:orientation = "horizontal"
    android:layout_width = "fill_parent"
    android:layout_height = "wrap_content">
    <Button
        android:id = "@+id/yes"
        android:layout_width = "fill_parent"
        android:layout_height = "wrap_content"
        android:layout_weight = "1.0"
```

```
        android:text = "@android:string/yes"/>
    <Button
        android:id = "@ + id/no"
        android:layout_width = "fill_parent"
        android:layout_height = "wrap_content"
        android:layout_weight = "1.0"
        android:text = "@android:string/no"/>
</LinearLayout>
```

如果使用系统的字符串,默认就已经支持多语言环境了。如上述代码,直接使用了@android:string/yes 和@android:string/no,在简体中文环境下会显示确定和取消,在英文环境下会显示 OK 和 Cancel。

4. 利用系统的 Style

假设布局文件中有一个 TextView,用来显示窗口的标题,使用中等大小字体。可以使用下面的代码片段来定义 TextView 的 Style。

```
<TextView
    android:id = "@ + id/title"
    android:layout_width = "wrap_content"
    android:layout_height = "wrap_content"
    android:textAppearance = "? android:attr/textAppearanceMedium" />
```

其中,android:textAppearance＝"? android:attr/textAppearanceMedium"就是使用系统的 style。需要注意的是,使用系统的 style,需要在想要使用的资源前面加"? android:"作为前缀,而不是"@android:"。

5. 利用系统的颜色定义

除了上述的各种系统资源以外,还可以使用系统定义好的颜色。在项目中最常用的,就是透明色的使用。代码片段如下。

```
android:background = "@android:color/transparent"
```

经验分享:
> Android 系统本身有很多资源在应用中都可以直接使用,具体的,可以进入 android–sdk 的相应文件夹中去查看。例如:可以进入 $ android–sdk $ \platforms\android–8\data\res,里面的系统资源就一览无余了。
> 开发者需要花一些时间去熟悉这些资源,特别是图片资源和各种 Style 资源,这样在开发过程中,能够想到有相关资源并且直接拿来使用。

12.2.2 抽取相同的布局

在一个应用程序中,一般都会存在多个 Activity,每个 Activity 对应着一个 UI 布局文件。一般来说,为了保持不同窗口之间的风格统一,在这些 UI 布局文件中,几乎肯定会用到很多相同的布局。如果在每个 xml 文件中都把相同的布局重写一遍,一个是代码冗余,可读性很差;另一个是修改起来比较麻烦,对后期的修改和维护非常不利。所以,一般情况下,需要把相同布局的代码单独写成一个模块,用到的时候可以通过<include /> 标签来重用 layout 的代码。

常见的,有的应用在最上方会有一个标题栏,类似图 12-5。

图 12-5 标题栏的示例

如果项目中大部分 Activity 的布局都包含这样的标题栏,就可以把标题栏的布局单独写成一个 xml 文件。

```
<RelativeLayout
    android:layout_width = "fill_parent"
    android:layout_height = "wrap_content"
    android:gravity = "center"
    android:background = "@drawable/navigator_bar_bg"
    xmlns:android = "http://schemas.android.com/apk/res/android">
    <TextView
        android:id = "@android:id/title"
        android:layout_width = "fill_parent"
        android:layout_height = "wrap_content"
        android:layout_centerVertical = "true"
        android:gravity = "center"
        android:hint = "title"
        android:textAppearance = "?android:attr/textAppearanceMedium" />
    <ImageView
        android:id = "@android:id/closeButton"
        android:layout_width = "wrap_content"
        android:layout_height = "wrap_content"
        android:layout_alignParentRight = "true"
        android:src = "@drawable/close" />
</RelativeLayout>
```

将上面的 xml 文件命名为"navigator_bar.xml",其他需要标题栏的 Activity 的

xml 布局文件就可以直接引用此文件了。

```
<include layout = "@layout/navigator_bar" />
```

> **经验分享：**
> 　　一般情况下，在项目的初期就能够大致确定整体 UI 的风格。所以早期的时候就可以做一些规划，将通用的模块先写出来。
> 　　下面是可能可以抽出的共用的布局：
> 　　① 背景。有的应用在不同的界面里会用到统一的背景。后期可能会经常修改默认背景，所以可以将背景做成一个通用模块。
> 　　② 头部的标题栏。如果应用有统一的头部标题栏，就可以抽取出来。
> 　　③ 底部的导航栏。如果应用有导航栏，而且大部分 Activity 的底部导航栏是相同的，就可以将导航栏写成一个通用模块。
> 　　④ ListView。大部分应用都会用到 ListView 展示多条数据。项目后期可能会经常调整 ListView 的风格，所以将 ListView 作为一个通用的模块比较好。

12.2.3　精简 UI 层次

　　为了说明如何精简 UI 层次，先说一下＜merge/＞标签的使用。
　　＜merge/＞标签在优化 UI 结构时起到很重要的作用。当 LayoutInflater 遇到这个标签时，就会跳过它，并将＜merge/＞内的元素添加到＜merge/＞的父元素里。这样就可以删减多余或者额外的层级，从而优化整个布局的结构。
　　如果使用 FrameLayout 作为整个 Activity 布局的最外层，就可以使用＜merge/＞标签替换＜FrameLayout/＞标签。
　　下面举个例子来说明这个标签实际所产生的作用。
　　这里建立一个简单的 Layout，其中包含两个 Views 元素：ImageView 和 TextView，默认状态下将这两个元素放在 FrameLayout 中。其效果是在窗口中全屏显示一张图片，之后将标题显示在图片上。
　　以下是 xml 代码。

```
<FrameLayout xmlns:android = "http://schemas.android.com/apk/res/android"
    android:layout_width = "fill_parent"
    android:layout_height = "fill_parent">
    <ImageView
        android:layout_width = "fill_parent"
```

```
        android:layout_height = "fill_parent"
        android:scaleType = "center"
        android:src = "@drawable/example" />
    <TextView
        android:layout_width = "wrap_content"
        android:layout_height = "wrap_content"
        android:layout_gravity = "center_horizontal|bottom"
        android:text = "hello" />
</FrameLayout>
```

使用 hierarchyviewer 工具查看整个 UI 的层次,如图 12-6 所示。

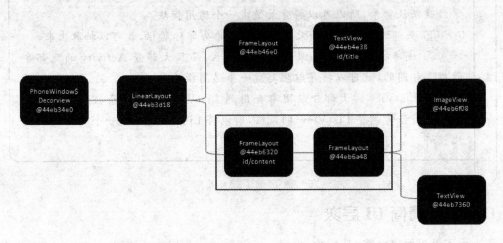

图 12-6 优化前的 UI 层次结构的信息

可以看到,UI 的层次中出现了两个 FrameLayout 节点(见黑色线框内),很明显这两个完全意义相同的节点造成了资源浪费。

修改代码,用<merge/>标签替换<FrameLayout/>标签。

```
<merge
    xmlns:android = "http://schemas.android.com/apk/res/android" >
    <ImageView
        android:layout_width = "fill_parent"
        android:layout_height = "fill_parent"
        android:scaleType = "center"
        android:src = "@drawable/example" />
    <TextView
        android:layout_width = "wrap_content"
        android:layout_height = "wrap_content"
        android:layout_gravity = "center_horizontal|bottom"
        android:text = "hello" />
```

`</merge>`

再次使用 hierarchyviewer 工具查看整个 UI 的层次，如图 12-7 所示。

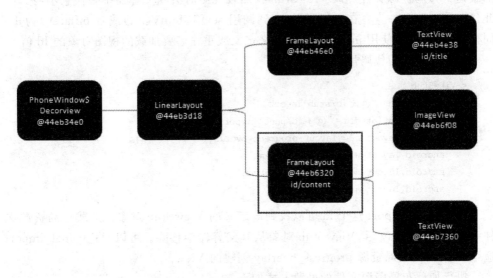

图 12-7　优化后的 UI 层次结构的信息

新的代码中，TextView 和 ImageView 都直接添加到上一层的 FrameLayout 里（黑色线框内）。虽然视觉上看起来效果一样，但是 UI 的层次更加简单了。两种方式实现的效果相同，但是使用`<merge/>`标签的效率更高。

这里需要注意的是，所有 Activity 视图的根节点都是 FrameLayout。如果所创建的 Layout 并不是用 FramLayout 作为根节点，而是应用 LinerLayout 等定义根节点，就不能使用`<merge/>`标签来优化 UI 的层次结构。

`<merge/>`标签的使用有以下两个限制：

① `<merge/>`只能作为 XML 布局的根标签使用。

② 当 Inflate 以`<merge/>`开头的布局文件时，必须指定一个父 ViewGroup，并且必须设定 attachToRoot 为 true（参看 inflate（int，android.view.ViewGroup，boolean）方法）。

12.2.4　界面延迟加载技术

有时候，页面中可能会包含一些布局，这些布局默认是隐藏的，当用户触发了一定的操作之后，隐藏的布局才会显示出来。比如，有一个 Activity 用来显示好友的列表，当用户单击 Menu 中的"导入"以后，当前的 Activity 中才会显示出一个导入好友的布局界面。从需求的角度来说，这个导入功能一般情况下用户是不使用的。即大部分时候，导入好友的布局都不会显示出来。这个时候，就可以使用延迟加载的功能。

ViewStub 是一个隐藏的、不占用内存空间的视图对象,可以在运行时延迟加载布局资源文件。当 ViewStub 被设置为可见,或者调用 inflate() 函数时,才会真的去加载这个布局资源文件。该 ViewStub 在加载视图时会在父容器中替换它本身。因此,ViewStub 会一直存在于视图中,直到调用 setVisibility(int) 或者 inflate() 为止。同样,也可以通过使用 inflated Id 属性来定义或重命名要加载的视图对象的 Id 值。

请参考下面的代码片段。

```xml
<ViewStub
    android:id = "@+id/stub_import"
    android:inflatedId = "@+id/panel_import"
    android:layout = "@layout/progress_overlay"
    android:layout_width = "fill_parent"
    android:layout_height = "wrap_content"
    android:layout_gravity = "bottom" />
```

通过 stub_import 这个 id 可以找到被定义的 ViewStub 对象。加载布局资源文件 progress_overlay 后,ViewStub 对象从其父容器中移除。可以通过 panel_import 这个 id 找到由布局资源 progress_overlay 创建的 View。

执行加载布局资源文件的推荐方式如下:

```java
((ViewStub) findViewById(R.id.stub_import)).setVisibility(View.VISIBLE);
// 或者
View importPanel = ((ViewStub) findViewById(R.id.stub_import)).inflate();
```

当 inflate() 被调用,这个 ViewStub 被加载的视图所替代,并且返回这个视图对象。这使得应用程序不需要额外执行 findViewById() 来获取加载视图的引用。

> **经验分享:**
> 利用 ViewStub 可以与 xml 文件里面指定的布局资源文件关联起来,让布局资源文件在需要使用的时候再加载上去。什么时候用,什么时候才加载,不用在开始启动的时候一次加载。这样做既可以加快应用的启动速度,又可以节省内存资源。

12.3 留条后路——对 Crash 进行处理

12.3.1 为什么需要捕获 Crash

使用 Android 手机中的应用程序的时候,有的时候会弹出类似图 12-8 的弹出框。这个时候就是应用程序发生 Crash 了,系统做了默认的处理,弹出一个提示框,提示"程序已经意外停止",用户此时只能单击"强行关闭"按钮关闭整个应用程序了。

图 12-8　进程意外停止的弹出框

在 Android 平台上开发应用程序,要尽量避免程序 Crash 的发生。虽然说零 Crash 是优秀开发者追逐的目标,但是现实的情况是,开发者只能尽量减少 Crash 的发生,而几乎不可能完全避免 Crash。

基于以上原因,一般的应用程序都要有一个 Crash 反馈的机制。一旦 Crash 发生,可以通过一种渠道了解 Crash 的信息,开发者可以根据这些信息,对当前版本的代码进行改进,及时修正问题,使发布的下一个版本更加稳定。

12.3.2　如何捕获和处理 Crash

先简单介绍如何捕获 Crash 的发生,而不是简单地交给系统处理。
Java 的 Thread 类中有一个内部接口,UncaughtExceptionHandler,先看描述。

```
static interface Thread.UncaughtExceptionHandler
//当 Thread 因未捕获的异常而突然终止时,调用处理程序的接口
```

再来看 Thread 类中的一个方法。

```
static void setDefaultUncaughtExceptionHandler(Thread.UncaughtExceptionHandler eh)
//设置当线程由于未捕获到异常而突然终止,并且没有为该线程定义其他处理程序时所
//调用的默认处理程序
```

从 API 中大概可以明白如何手动捕获 Crash 了。下面提供一个完整的实例来说明如何捕获并处理 Crash。首先需要实现 UncaughtExceptionHandler 口,然后在应用程序的主线程中设置该处理程序。

先来实现 UncaughtExceptionHandler 接口。

```
// import 略
public class DefaultExceptionHandler implements UncaughtExceptionHandler {
```

```java
    private Context context = null;

    public DefaultExceptionHandler(Context context) {
        this.context = context;
    }

    @Override
    public void uncaughtException(Thread thread, Throwable ex) {

        // 收集异常信息 并且发送到服务器
        sendCrashReport(ex);

        // 等待半秒
        try {
            Thread.sleep(500);
        } catch (InterruptedException e) {
            e.printStatckTrace();
        }

        // 处理异常
        handleException();
    }

    private void sendCrashReport(Throwable ex) {
        StringBuffer exceptionStr = new StringBuffer();
        exceptionStr.append(ex.getMessage());
        StackTraceElement[] elements = ex.getStackTrace();
        for (int i = 0; i < elements.length; i++) {
            exceptionStr.append(elements[i].toString());
        }
        // 这里可以发送收集到的 Crash 信息到服务器
    }

    private void handleException() {
        // 这里可以对异常进行处理
        // 比如提示用户程序崩溃了
        // 比如记录重要的信息,尝试恢复现场
        // 或者干脆记录重要的信息后,直接杀死应用进程
        // 或者再次抛给系统做默认处理
    }
}
```

第12章 细节决定成败—Android 应用程序的优化

实现好 UncaughtExceptionHandler 接口以后,需要在主 Activity 的 onCreate (Bundle savedInstanceState)方法中增加如下代码:

```
Thread.setDefaultUncaughtExceptionHandler(new DefaultExceptionHandler(
        this.getApplicationContext()));
```

需要注意的是,只需要在主 Activity 中设置一次异常处理类即可,不需要在所有的 Activity 都进行设置。

运行上面的代码,当 Crash 发生以后,Android 系统本身的提示框就不会再出现了。系统会调用我们自己的实现,收集该异常信息并且发送到服务器。

经验分享:

对于如何将异常信息发送到服务器,不同的项目组会有不同的方式,具体不在这里讨论了。需要提醒的是,除了把异常的具体信息发送给服务器外,至少还需要发送版本信息,这样开发者才可以判断服务器上的异常信息是哪个版本出现的。除了版本信息,可能还需要手机的 SDK 版本、屏幕分辨率、手机型号等信息,有了这些信息,可以更全面地了解异常信息,为开发者提供更好的线索。

经验分享:

有的项目组可能希望在 Crash 发生以后想办法让应用继续运行。个人建议,Crash 发生后,恢复现场继续运行的意义不大。Crash 发生以后,程序的运行情况已经是不可预知的了,用一个错误去弥补另外一个错误,本身就会导致更多的错误。建议还是花更多的时间做好应用程序本身,多多测试,尽量减少 Crash 的发生。

参考文献

[1] 靳岩,姚尚朗. Google Android 开发入门与实战[M]. 北京:人民邮电出版社,2009.
[2] 李刚. 疯狂 Android 讲义[M]. 北京:电子工业出版社,2011.
[3] Rick Rogers,Blake Meike,Zigurd Mednieks. Android 应用开发[M]. 李耀亮,译. 北京:人民邮电出版社,2010.
[4] 杨丰盛. Android 应用开发揭秘[M]. 北京:机械工业出版社,2010.
[5] Sayed Y. Hashimi,Satya Komatinen,Dave MacLean. 精通 Android 2[M]. 杨越,译. 北京:人民邮电出版社,2010.